极简应用心理学系列

Psychological Intervention and Protection

心理安全员

危机中的心理干预和防护实操手册

赵小明◎著

中国人民大学出版社
·北京·

图书在版编目（CIP）数据

心理安全员：危机中的心理干预和防护实操手册 / 赵小明著. -- 北京：中国人民大学出版社，2020.6
ISBN 978-7-300-28134-6

Ⅰ. ①心… Ⅱ. ①赵… Ⅲ. ①灾害—心理干预—手册 Ⅳ. ①B845.67-62②R749.055-62

中国版本图书馆CIP数据核字(2020)第088677号

心理安全员：危机中的心理干预和防护实操手册

赵小明 著

Xinli Anquanyuan: Weiji zhong de Xinli Ganyu he Fanghu Shicao Shouce

出版发行	中国人民大学出版社		
社　　址	北京中关村大街 31 号	**邮政编码**	100080
电　　话	010-62511242（总编室）		010-62511770（质管部）
	010-82501766（邮购部）		010-62514148（门市部）
	010-62515195（发行公司）		010-62515275（盗版举报）
网　　址	http：//www.crup.com.cn		
经　　销	新华书店		
印　　刷	天津中印联印务有限公司		
规　　格	148mm×210mm　32 开本	**版　次**	2020 年 6 月第 1 版
印　　张	7.5　插页 1	**印　次**	2020 年 6 月第 1 次印刷
字　　数	158 000	**定　价**	59.00 元

推荐序

一本“心理安全员”养成的工具书

胡佩诚

北京大学医学部医学心理学教研室主任

教授、博士生导师

2020年初爆发的新型冠状病毒肺炎疫情造成了人民生命财产的巨大损失，同时也使人们遭受了严重的心理创伤。灾害发生后，社会对灾后心理危机干预与援助工作给予了广泛关注。

该书就是为了改变心理咨询师普遍缺乏心理危机干预知识与技能的现状，满足他们学习心理危机干预职业技能的需求，指导他们规范地开展心理危机干预工作而编写的。

赵小明所写的这本《心理安全员：危机中的心理干预和防护实

操手册》内容丰富、全面，依托群体心理学思路，从孩子、老人、孕妇、一线医护人员及专业心理学工作者几大群体入手，收集了此次疫情中的危机干预实战案例，分享了首次危机干预电话咨询流程、危机干预电话咨询个案督导、危机干预咨询答疑集锦等内容。

赵小明从心理安全员的含义、角色定位、工作内容及程序进行了全面介绍，并基于此次疫情中的危机干预热线咨询案例，手把手教你做危机干预督导。书中结构化的操作流程、简明的理论阐释，对危机干预“零基础”的专业心理工作者来说，是不可多得的指导书。

马斯洛的人本主义需求理论提出，人对安全的需要包括对人身安全、生活稳定以及免遭痛苦、威胁或疾病等。基于此，作者提出“心理安全员”这一创造性的概念，是本书的亮点。本书从生命教育的高度，将普通和专业两类心理安全员的培养，提高到一个国家、企业、家庭、个人……迫在眉睫的需要层次上。

此外，书中还摘录了作者自创研发的五个隔离期居家心理游戏，作为“心理安全员”的物化工具，将心理安全员的内涵外延，加以发展，是对心理干预形式上的一次突破。

本书善用生活案例。例如，有一则被“宅”家的熊孩子案例：孩子三四岁，一边哭，一边说“如果不让我出去玩，我会不高兴”。家长解释“但是有病毒啊”，可孩子却说“我看不见，我想去跟病毒一起玩……”。该案例极具场景感，疫情面前安全感不足的恐惧心理跃然纸上。

本书语言通俗易懂，适合不同职业背景的人员学习和参考，既可作为心理危机干预人员的业务培训教材，也可作为突发事件后心理危机现场干预的具体操作指南。

前言

地震、海啸、疫情、战争、恐怖袭击、核泄漏事故……纵观人类的历史长河，我们经历过无数的灾难。这些危机事件，不仅使我们陷入危险的境地，也一次次为我们敲响了警钟，提醒我们如何为生存下去争取自救的机会。

众所周知，伴随危机事件，危机干预总是少不了的，相关工作一般都由经过严格训练和筛选的专业心理工作者承担。经过 10 多年的心理咨询与治疗以及心理危机干预的实践，我认为，我们普通人并不是只能被动等着他人来干预，完全可以通过学习做自己的救助者，甚至去帮助疏导他人。由此，我建议我国可以在社会各级组织中设立心理安全员一职，一旦我国发生诸如 2003 年的非典疫情、2008 年的汶川大地震、2020 年的新型冠状病毒肺炎疫情等重大危机突发事件，心理安全员不仅可以通过他们的工作，广泛地、迅速地缓解社会群体因危机产生的恐慌心理、焦虑情绪，起到鼓舞斗志和士气、传播正能量、阻止谣言传播等作用，还可以减少不良情绪传染，提高帮助对象的免疫力，有助于社会的稳定和有序发展。

心理安全员，有点像心理“摆渡人”。只要你满足以下条件，通过相关知识学习，就可以成为心理安全员：

- 性格积极乐观；
- 情绪稳定、情感积极，充满正能量；
- 思维灵活变通、环境适应能力强；
- 热心助人、善于觉察自我和他人的情绪；
- 能主动调整心态，并对周围人产生积极影响。

本书旨在为家庭、社会提供培养更多优秀心理安全员的方法与途径。根据群体类型，心理安全员可分为普通心理安全员与专业心理安全员两大类。据此，本书内容分为上下两个篇章。

上篇提供了普通心理安全员的培养途径，又称为大众自我防护篇，聚焦老人、孩子、孕妇、一线医护人员四大群体。下篇则提供了专业心理安全员的培养途径，又称为专业心理干预篇，聚焦专业心理学工作者。

客观地讲，我国有很多与心理学相关的从业者非常积极报名加入了心理危机干预的工作，然而有些人在相应的资质、技能和职业伦理等方面还比较欠缺。再加上众所周知的原因，即凡是疫情危机事件的干预工作大都是在线上开展的，这与线下面对面心理咨询、应激咨询存在着很大的差异。由此，本书特意遴选了 2020 年新型冠状病毒肺炎疫情中的危机干预实战案例，并将其融入心理危机干预理论与实操训练、首次危机干预电话咨询流程、危机干预电话咨询个案督导、危机干预咨询答疑集锦等章节中，便于读者对突发疫情危机干预技能的理解与掌握。

此外，书中还编录了五个简单且易于操作的危机干预中的居家心理游戏，以满足疫情期间亲子互动的需要。

需要指出的是，本书中所介绍的干预方法适用于各级别的危机事件中需要进行心理干预的人群，既可成为提升从事危机干预心理工作者能力的指导手册，还可作为培养更多心理安全员的入门教材。

在本书的编写过程中，徐放蕾对书稿进行了校对工作，许新依、党珊珊、肖明、赵晓宁、王丽君、陈思霖、琚艳丽、姚月迎、张长美、钟巧珍参与书稿的整理工作，在此对他们辛勤的付出一并表示感谢。

目 录

上篇 普通心理安全员的培养

下篇 专业心理安全员的培养

上篇

普通心理安全员的培养

从近 100 多年人类社会的发展来看，科学技术突飞猛进，文明程度越来越高，物质生活水平不断提升。但是，我们人类遭遇到的自然灾害和重大危机事件的数量和程度并没有因此而大大降低。就在过去的 20 世纪，除了两次世界大战及大大小小的地区性战争，单就重大的灾害就有（但不限于）：

- 1934 年 5 月 11 日美国西部草原黑色风暴，成千上万的人流离失所；
- 1952 年 12 月 4 日伦敦雾霾，将近 13 000 人相继死亡；
- 1960 年 5 月智利 8.8 级大地震引发海啸，造成几千人丧命，受灾人数 40 万之多；
- 1970 年 5 月 31 日秘鲁安第斯山脉大雪崩，造成 20 000 多居民死亡。
- 1976 年 7 月 28 日我国唐山 7.8 级地震，242 769 人当场死亡，近 164 000 人受重伤；
- 1987 年 7 月孟加拉国水灾，造成孟加拉国 2000 多人当场死亡，受灾人数达 2000 万人。

迈入 21 世纪后短短的 20 年间，我们人类遭遇到的天灾仍然不少：

- 2001 年，印度古吉拉特邦发生里氏 7.9 级地震；
- 2003 年，我国暴发非典疫情；
- 2004 年，印尼大海啸；
- 2005 年，“卡特里娜”飓风袭击美国；
- 2008 年，我国汶川大地震；
- 2009 年，全球甲流 H1N1 盛行；
- 2010 年，海地大地震。

第 1 章

婴幼儿的心理干预与防护

2020 年伊始，我国爆发了新型冠状病毒肺炎疫情，危机事件迅速发展，最终成为全球性的公共卫生危机事件。2020 年 2 月 2 日，国家卫生健康委员会发布了《关于做好儿童和孕产妇新型冠状病毒感染的肺炎疫情危机事件防控工作的通知》，特别指出“儿童和孕产妇是新型冠状病毒肺炎的易感人群”。由此可见，婴幼儿作为一个特殊群体，在危机事件中是不良心理应激反应的易感人群。

孩子无论年龄大小，在经历危机应激事件后，都会产生焦虑、恐慌等各种消极情绪。在重大应激事件发生的当下，部分孩子会立刻产生反应，但还有一部分孩子，或许会在事件发生后很久才表现出此类的消极情绪。

那么，重大事件危机来临的时候，孩子的心理防护该怎么做呢？接下来，我们将以 2020 年新型冠状病毒肺炎疫情期间，一则刷爆了微信群“宅”家哭泣的熊孩子短视频为例来说明：

> 视频中有一名三四岁的孩子，他一边哭，一边说："如果不让我出去玩，我会不高兴。"家长解释："但是有病毒啊。"可孩子却说："我看不见，我想去跟病毒一起玩……"

上面的情景，相信很多家长最近都经历了。新型冠状病毒肺炎让我国绝大多数的家庭开启了"闭门不出"的生活，孩子们的生活也发生了天翻地覆的变化。孩子们日常与小伙伴玩耍的机会没有了，连户外活动也基本被禁止。取而代之的是新闻里、大人口中种种与冠状病毒有关的信息，还有人们谈起病毒时言语表情中所透露出的焦虑和恐慌。偶尔出门也必须要戴口罩，大人对自己洗手的次数和时间要求也提高了很多。

2014年，西安市某幼儿园违规给幼儿服用"病毒灵"事件估计很多读者还历历在目：

> 2008年11月到2013年10月，涉事幼儿园冒用其他医疗机构名义，从四家医药批发零售企业先后分10次购进"病毒灵"5.46万片。给幼儿服用的时间是每年春秋两季换季时，小班孩子每次半片或一片，将药片溶进白开水，每天一次，连服两天；大班每次一片，连服三天，把药片发给孩子用白开水服下。一般安排孩子在上午10时服药，幼儿园有时还会增加服药的次数。2014年3月，有家长无意中发现幼儿园给孩子服用不明药物，白色药片上面写着"ABOB"字样，查询后才知道这是一种俗称"病毒灵"的抗病毒药物。这引起众多家长的关注和不满，服药事件不断发酵，导致当地家长聚集的情况。

在危机事件发生后，不管是成人还是孩子都难免出现焦虑、恐慌、不安等消极情绪。而孩子面对危机事件的心理反应，跟他们的年龄和以往的经验息息相关。

不同时期婴幼儿的心理特征

0~1 岁乳儿期的孩子因活动能力受限，而对母亲有强烈的依恋，存在分离焦虑，所以乳儿的情绪跟母亲的情绪、行为息息相关。

1~3 岁婴儿期的孩子活动范围增加，自主性进一步发展，可以清楚地表达自己的想法，对成人的指令出现“违拗”现象。

3~6 岁幼儿期的孩子，情绪体验和想象力更加丰富，但对于想象和现实的区分并不十分清晰，会出现害怕鬼怪、黑暗等想象中的事物的现象。

婴幼儿不同时期常见的应激情绪及行为反应

0~1 岁乳儿期。乳儿期的孩子，一般不会理解带来危害的事物名称的意思，所以没有必要担心这些词汇会给他们带来什么心理影响。但是，由于孩子很在意父母或照看者的情绪反应，如果父母或照看者处于极度紧张、焦虑的状态，则会影响到孩子。在情绪上，孩子哭闹的频率会比以往增加；在行为上，会出现拒绝哺乳，非要母亲抱，甚至母亲离开哭闹不止，他人无法哄好。另外，对于平时经常外出玩耍的孩子，由于不能外出，会出现强烈的不适应现象。

1~3岁婴儿期。婴儿期的孩子会通过成人的语言与表情，对带来危害的事物名称有简单的认识。如果孩子出现一定的应激情绪和行为反应，成人需要检视一下自身的情绪状态及与孩子的互动情况。例如，当成人过度紧张焦虑时，孩子是能够感知到的。他们往往会出现易激惹现象，表现为发脾气、哭闹、扔玩具，有的孩子则表现为怕黑、怕独处、怕单独睡觉，或者表达不清等紧张、担心的情绪和行为。有些孩子还会和父母"唱反调"，拒绝执行父母的要求，这与本年龄段的"违拗"有关，前面新型冠状病毒肺炎疫情期间案例中的闹着要和病毒玩的小男孩就属于这个年龄阶段。

3~6岁幼儿期。幼儿阶段的孩子，通过日常生活中电视、网络、广播以及父母、亲人的话语，对带来危害的事物会有部分的了解，在认知上还属于只知其一不知其二的程度。幼儿往往会被家长的恐慌情绪所影响，表现出不同的应激反应：有的孩子白天会出现注意力不集中、心不在焉、发呆、恍惚、走神、孤独、无助，或胆小、不敢独处、说话困难（如口吃）等现象；有的孩子会出现极度的恐惧，如怕黑或怕某种动物，从而黏父母、拒绝分床睡；有的孩子会把带来危害的事物想象成怪兽、妖魔等，进一步加剧自己的恐惧；有的孩子晚上会做噩梦，导致睡眠差，甚至大小便失禁、尿床、便秘；有的孩子会出现吮手指头、紧握拳头、掐手指，身体不自觉地保持一种警觉的僵硬状态。如果反应强烈，有的孩子会出现幻视，称自己看到恐怖的怪兽，并会形象地描绘出怪兽模样，甚至会出现莫名地发脾气，攻击、打骂周围人，烦躁不安、食欲减退或暴增、呼吸困难等症状。

全方位增强孩子的安全感

对于 0~6 岁的婴幼儿而言，绝大多数孩子不具备心理健康的调节能力，或者调解能力很差。而孩子在压力情景下出现的系列心理问题，大多缘于他们的内在安全感被打破。这时，家长则是孩子的心理安全员，需要帮助孩子重构安全感。

作为家长，可以通过如下途径来增强孩子的安全感。

了解孩子感受，觉察自身情绪

要注意观察孩子的情绪反应。危机事件会让孩子的生活发生很多变化，孩子出现一些对他人的同情、对危机事件的紧张或对生活秩序打破的不满，这些都是正常的情绪反应。但部分孩子感受到变化后，由于无法用语言准确表达，会发生退行行为，也就是用更加幼稚、原始的情绪、行为，甚至躯体化反应来表达内心的不安。会出现烦躁、黏人、易怒等很“过分”的情绪和行为反应，家长甚至会认为孩子越来越“不懂事”了。当孩子出现反常、过分的情绪行为时，作为心理安全员的家长需要给予孩子更多耐心，一方面排除孩子身体不适；另一方面，要设身处地地了解孩子内心的想法和感受，体会孩子想通过情绪和行为表达什么。家长还可以利用游戏、绘画、唱歌等方式帮助孩子识别和表达自己的情绪。

同时，家长还要当好自己的心理安全员，注意觉察自身的不良情绪，避免将自身不良情绪迁移到孩子身上，减少因随意责备而引发的孩子叛逆或委屈。

树立积极信念，示范乐观精神

在一定程度上，孩子的反应源自他们从身边的成人身上看到的样子。作为家长，首先要做好自己的心理安全防护工作，避免自己陷入恐慌混乱中，因为家长焦虑、恐慌的情绪会传递给孩子。甚至有些时候，家长不经意之间表现出来的担忧，也会成为孩子焦虑和担忧的来源。因此，家长要避免发生无序、无助的混乱行为。当家长镇定自若地面对危机事件时，才能给儿童提供最好的支持。同时，每个人都是自己的心理安全员，家长也是在给孩子亲身示范面对危机事件时的正确应对方式，从而帮助孩子建立乐观、勇敢的精神品质以及战胜困难的信心。

减少负面信息，避免隐瞒遮掩

这个年龄段的孩子对负面信息的承载量是有限的。当家长在孩子面前持续观看、收听危机事件的相关报道，不断谈论危机事件的负面消息时，孩子可能被动地接受了超过其认知和情绪承受力的信息，导致负面信息过载，产生不必要的心理负担。因而，当孩子在身边时，家长需要有选择性地观看相关消息。

另外，尽管有些家长已经意识到上述问题了，但因担心孩子心理受影响，对孩子提出的疑问采取回避态度。在危机事件中，孩子是很敏感的，他们已经觉察到生活的巨大变化和反差，却无法获得相应的解释。大人支支吾吾的态度一方面会增加孩子的困惑，另一方面，这样的“遮掩”也会让孩子更加不安。因此，当孩子正面提出危机事件相关问题时，家长应以一种镇定自若的态度根据孩子的年龄特征，相应做出孩子能够理解的解释，切实扮演好孩子心理安全员的角色。

保持正常作息，减少变化影响

以 2020 年新型冠状病毒肺炎疫情为例，突发的危机事件不仅会打乱家长和孩子原有的假期安排，还改变了孩子原有的作息习惯，尤其对于 3~6 岁的孩子而言，正处于秩序敏感期，孩子对这样突如其来的变化更加敏感。因此，家长需要根据疫情的发展，及时调整计划安排，尽量维持孩子规律的生活作息安排。对于年幼的儿童而言，稳定、规律的生活有助于维持孩子的安全感。

家长对不同年龄段孩子所采取的应对措施

0~1 岁乳儿期

家长或照看者要做好自己的心理安全员，首先保持自身良好的心理状态，情绪平稳态度温和地对待孩子，在孩子哭闹时不要大吼大叫，应悉心查看其是否因为排便、饥饿等生理原因而引起不适，并及时处理，还可拿孩子喜欢的玩具，逗孩子开心，转移孩子的注意力。

其次，当孩子表现出不耐烦时，家长要保持镇定，用各种方法哄孩子玩，让孩子在家里也能玩得开心。

最后，作为孩子的心理安全员，家长需要花更多时间陪伴孩子，打理好孩子的饮食起居，给孩子良好的心情和安全感，增强免疫力，这就是最好的防护。

1~3 岁婴儿期

作为这个年龄段孩子的心理安全员，家长需要注意的是：

1. 孩子监护人的情绪会直接影响孩子的情绪，所以首先要保证监护人的情绪稳定，保持笑容。
2. 当孩子烦躁不安或哭闹不愿入睡时，轻拍、全身抚触及播放轻柔的音乐是最好的安抚孩子情绪的方法。
3. 母亲可以用温柔的眼神看着孩子，跟他说话、讲故事，或陪伴孩子玩一些简单的游戏。

3~6 岁幼儿期

作为这个年龄段孩子的心理安全员，家长可以采取如下措施。

1. 当孩子出现极度恐惧的情绪时，需要家长保持镇定，用温和平静的态度跟孩子沟通，看看其有没有身体上的不适。抱着孩子轻轻摇晃，或者轻轻抚摸孩子的后背，都可以让孩子平静下来。等孩子情绪平稳了，再去询问孩子恐惧的原因。
2. 当家长了解到孩子恐惧什么东西后，可以带孩子玩画出“恐惧”小魔怪的游戏。本游戏采取具象化方法，该方法需要家长首先和孩子一起探讨，孩子怕的是什么。然后，和孩子一起把恐惧的东西画出来。接着，继续和孩子探讨这个恐惧的东西想要做什么。再和孩子一起想办法，看看能否和这个恐惧的东西做朋友、和解，或者用什么东西可以战胜它。最后，引导孩子把和解的画面或者能够战胜它的东西画出来。

3. 对于已经分床睡的孩子，如果要求和父母同睡，这段时间可以让孩子与父母同睡，比如加一张小床，睡前轻拍孩子，给孩子讲个温暖的故事，给予他安全感。
4. 孩子如果没有呼吸系统疾病，却又出现了呼吸困难的症状，可以教孩子跟着舒缓的音乐深呼吸，让自己渐渐平静下来，最终引导孩子成为自己的心理安全员。

婴幼儿心理调适锦囊

音乐稳定法

家长找一些具有稳定节奏感的音乐，如果这些音乐恰巧是孩子的睡前音乐，效果更佳。家长可以一边播放音乐，一边跟着节奏摇晃或轻拍孩子的后背，帮助孩子增加安全感。

音乐呼吸法

一般来说，鼓有时候会给我们带来士气，会激励我们，会让我们兴奋。但当我们聆听那些节奏稳定平缓的鼓声时，家长可以带着孩子一起，一边听鼓声，一边根据鼓的节奏，配合做深吸气、呼气动作，孩子很快就会平静下来。

抚触按摩法

2018 年 6 月 7 日发生在广西壮族自治区来宾市区的一起重

大交通事故中，一对夫妇当场不治，他们两岁大的小儿子当时就在他们中间。不谙世事的他，并不知道已与父母阴阳两隔，仍在哭喊着要找妈妈。现场处理事故的交警，把他从地上抱起后，轻轻拍着他的后背，轻声安慰他“别哭”，又返身让他再看了一下妈妈之后，才离开……

孩子非常喜欢身体的抚触，抚触的优点很多：

1. 可以帮助孩子舒缓压力，给孩子带来快感；
2. 可以增进亲子感情；
3. 可以增进孩子的神经发育，帮助家长利用危机事件在家的这段时间，培养一个聪明的宝宝。

对年龄小的孩子，家长可以给予抚触，大一点的孩子，则可以在家长的示范下，跟着家长一起学做按摩动作，或者家长和孩子相互抚触、按摩。抚触、按摩动作如下。

1. **头顶**。可以用带有弹性的头部按摩器，或者木梳、指腹，在孩子（1 岁以内囟门没有闭合的孩子慎用）头顶上轻轻地触碰。头顶有丰富的穴位，轻轻触碰后，穴位受刺激会分泌激素，缓解焦虑。
2. **耳垂**。人的耳朵尤其是耳垂上有丰富的穴位，用指尖点压耳垂和外耳郭，也可达到减压的效果。
3. **干洗脸**。家长带着孩子一起，先把手搓热（不需要水），然后从头顶开始，像洗脸一样，按摩脸部。
4. **叩击穴位**。将食指和中指弯曲成弓形，然后用指尖对穴位进行叩击：头顶、人中、下巴窝（下巴凹进去最深的部位）、胳肢窝（用两个指头去点胳肢窝，然后快速地叩击它）、乳下（侧面的肋骨，水平位置与乳头下平齐）、锁骨下、手部（两只手互切手掌外侧缘）

5. **叩齿**。用上下齿，分别叩击前排牙齿和后排牙齿，各 10 次，反复循环叩击 10 次的动作。叩齿的时候，会产生唾液，唾液里面有很多消化酶，可以增进孩子消化。同时，消化酶中含有抑制癌症的因子，根据中国古代道教养生法则，叩齿完毕后，应将唾液咽下去。

艺术表达法

鼓励孩子放开心灵，用彩色画笔、彩泥、轻质黏土、折纸等，创作自己内心的作品，引导孩子表达自己内心的情绪感受。家长准备彩色画笔，让孩子先闭上眼睛，感受自己的心情，并在纸上画出或涂鸦出自己的感受、心情、情绪等，或者用彩泥、轻质黏土来捏也可以。孩子画完后，家长可以带着孩子给作品命名，给作品里的东西起个名字。问问孩子，这个东西想说什么。借助这样的方式，引导孩子表达自己内心的情绪感受。家长还可以带着孩子，通过添几笔的方式，让这个东西看起来更顺眼、更快乐、更舒服。

阳光心态法

科学家研究发现，当人处在温和的阳光下，我们的身体会分泌多巴胺、内啡肽，这是可以让人的身体感受到快乐的物质成分，在一定程度上起到抗抑郁的作用。同时，孩子晒太阳还可以补钙。所以，可以将孩子原本的户外活动时间改为在阳台上晒着太阳玩耍。

运动游戏法

运动可以帮助学前儿童放松身体各部分肌肉，宣泄焦虑情绪，获得自我控制感。亲子运动更是可以增进亲子交流，增加家庭温暖和安全感。由于危机事件，孩子无法外出，作为孩子心理安全员的家长，需要利用家中现有场地和条件，开展客厅爬爬走、客厅倒着走、丢沙包进纸篓等游戏，让孩子在家里也有走、跑、投掷、平衡等大肌肉活动。

第 2 章

小学生的心理干预与防护

2020 年我国爆发新型冠状病毒肺炎疫情，在疫情期间许多小学生每天除了跟着父母关心疫情进展外，就是刷手机，根本无心学习。随着开学延迟，孩子的作息、学习安排被打乱，在家更是不知道如何安排自己的学习，进而出现焦虑、暴躁，甚至跟父亲发生冲突。

小学生的心理特征

小学生跟我们在第 1 章中讲到的婴幼儿的最大区别在于，处于这个年龄的孩子属于学龄期，学习成为他们日常生活中非常重要的发展任务。依据埃里克森八阶段理论，这个年龄段的孩子的心理具体呈现出如下特点。

- 对于学龄期（6~12 岁）的孩子而言，他们最主要的心理危机是勤奋对自卑的冲突，这个阶段的主要发展任务是获得勤奋感，避免自卑感，并提升其体验能力。

- 学习或学会主要的社会技能和智力技能是这个阶段孩子的中心任务。
- 如果孩子在学习过程中经常获得成就，在日常活动中也常受到成人的鼓励，那么他将在日后的活动中更加勤奋。
- 影响孩子的社会因素已由父母、家庭转变成老师、同伴和社会机构，老师和同伴是个体的重要他人，因此这个阶段的孩子的社会性情感占主导地位，因而特别重视友谊、集体荣誉感、责任感。
- 因为不管是老师还是同学，都把成绩看得特别重，孩子也特别容易出现与学习相关的焦虑、担忧学习成绩等。

面对危机事件，小学生常见的应激情绪及行为反应

对于 6~12 岁学龄期小学生而言，他们不仅通过家长谈论，还可以自行通过网络、电视、广播等，对正在发生的重大危机事件进展进行了解。有的孩子甚至对事件的严重性程度会有比较清晰的认知，能够较为自觉地做好相关防护工作。如果出现危机事件应激反应，其表现也跟婴幼儿各年龄段完全不同。这个年龄段的孩子，大多会控制自己的情绪，不会大哭大闹，但他们会将应激情绪内化于心，表现为：

- 注意力不集中或健忘；
- 不会安排生活作息，无所事事、做事情效率降低；
- 烦躁好动、易怒；
- 无法做决定，郁郁寡欢、兴趣爱好减退；

- 睡眠失调，噩梦连连；
- 易出现生理性症状，如呼吸困难、腹痛、头痛、胸痛、肠胃不适等。

认知管理

这个年龄段的孩子在某种程度上，已经可以部分担当自己的心理安全员工作了，家长对其所采取的应对措施也和对婴幼儿的完全不同。

调整认知输入

一方面，家长应保护这一年龄段孩子免受过多负面信息的干扰，根据其年龄段和认知特点，告知简单清晰必要的信息，树立会战胜危机事件的信心。同时，对于他们提出的各种问题，包括危机、疾病、死亡等问题，家长要保持温和耐心的态度，不回避，不批评，不忌讳，根据其年龄和理解能力给予适宜的回答。家长还可以带领孩子共同查找危机事件的防控相关科普知识，和孩子一起学习、一起讨论、一起演练。

改变认知输出

试着让孩子写作文。就这段时间的所见所闻写几篇作文，启发孩子对人生的思考，提高作文水平，增加人生阅历。

学习管理

培养新的学习习惯

从过去学校安排好每节课的学习任务，到危机事件爆发后的网络教学、学生自学，孩子应在家长的指导下建立新的学习生活习惯，利用危机事件培养自律的好习惯。保持课内课外学习，利用各种网络资源有计划的学习，按照学校要求认真参加网络课程学习，完成家庭作业。自律自学这个好习惯会让他们受益终生。

建立学习生活台账

因为在家学习，有些孩子的学习自觉性不够高，家长可与孩子一起制订学习计划表，对其学习进行监督、约束，降低因为没有上学而带来的学习焦虑。要求孩子每天早上起床时，制定当天的学习生活台账表，做好计划安排。每天晚上睡前，盘点一天的学习、生活任务完成情况。前期，家长可以带着孩子一起来做，养成习惯后可以由孩子自行完成。本章案例中的六年级男生小 Z 就需要这样一个学习生活台账本，这样的台账本可以帮助孩子成为自己学习的主体。

时间管理

保持正常的生活规律，即使因暴发疫情被隔离在家，也要保持良好的生活节奏和作息习惯。这既有利于孩子增强抵抗力，也可以增强孩子的安全稳定感。在居家隔离期间，如何丰富孩子的生活和学习呢？

积极做好预防工作

以 2020 年初爆发的新型冠状病毒肺炎危机事件为例，当每个家庭成员被要求居家隔离时，每一个人都要做好卫生预防工作。尤其是对于身处疫区，或者是一线人员家庭的孩子而言，应配合家长做好各种防护措施，加强个人防范，例如如何正确佩戴口罩，如何洗手消毒。有效切断传染源，减少感染机会。

合理安排假期作业

作为小学生，可以根据假期作业量和自己的科目偏好，合理规划时间，坚持每天科学高效地完成既定内容，利用假期巩固已有知识，预习新内容。做到假期学习、娱乐两不误。

阅读书籍

宅在家里，正好有了大块的阅读时间，同学们可以按照自己的兴趣选择适合自己的读物，通过阅读来扩展和丰富自己的知识，如可以阅读历史故事、童话故事、科幻故事、科普读物，等等。当然，孩子也可以把自己阅读的故事跟家人分享。

做喜欢的娱乐活动

每个孩子都有不同的爱好。在家中，他们可以做任何自己喜欢做的事情，比如可以唱歌、跳舞、弹琴、练字、画画、下棋，听音乐，等等。只要孩子自己开心，这些娱乐活动都可以搞起来，但是最好不要打扰到邻居。

增强运动健身

放假在家，好吃好喝不断，如果吃饱后静止不动可是要长胖的。所以，要让孩子们运动起来，家里空间虽然不如外面空间大，但是仍然可以做些锻炼，锻炼项目因人而异。每天抽出一定的时间坚持运动，可以让身体更健康，精力更加充沛。

承担部分家务劳动

当然，孩子除了学习和玩乐外，如果能够帮助爸爸妈妈做点力所能及的家务是最好不过的了。例如，帮助爸爸妈妈打扫房间、洗刷碗筷、整理衣物，等等。如果有孩子对烹饪感兴趣，跟爸爸妈妈学做美食也是不错的选择。

多与长辈沟通交流

家长能够给予孩子最大的安全感和心理支持，家长如能及时向他们倾诉自己的感受和想法有利于缓解不良情绪。同时，当孩子长时间宅在家里，难免会与父母因为写作业、看电视、玩游戏等问题产生矛盾，故而要鼓励孩子学会换位思考，体谅父母并与他们进行有效沟通。

心智管理

家长的心智管理

不信谣言，理性认知

这一年龄段的孩子对于危机事件的认知，一方面来自同学之间的沟通，另一方面来自家长对新闻事件的筛选和家长对该事件的认知。

重大危机事件发生后，大部分孩子的焦虑都是因家长的过分关注引发的，因此家长不可过度关注负面信息。在为孩子提供必要的基本防范措施的同时，不应将孩子的注意力过多地引导到自己的身心感受和外界信息上，而应该将其注意力引导到更多积极有意义的事情上。

相信科学，坚定信心

父母可以通过讲历史故事的形式，告诉孩子社会的发展、科学的力量已证明，在大灾大难面前，我们人类总会有战胜它们、迎来曙光的那一时刻，从而把这样坚定的信心传递给孩子。

联系同伴、畅通交流

对于小学生而言，同伴关系是非常重要的。居家隔离不能出门，但是不能切断孩子与好朋友、与同学之间的友谊。孩子在保证正常的学习生活外，在保护视力的前提下，每天可以有固定的时间，通过电话、网络与好朋友、同学保持联系，沟通交流。

亲人去世的儿童心理危机管理

对于有亲人去世的家庭，我们要从以下几个方面保护好孩子：

1. 要及时、简洁、清晰地告知他们亲人去世的消息；
2. 要保证他们随时能接触到自己最亲的人，如父母或兄弟姐妹；
3. 由情绪稳定的成年人承担他们的生活起居；
4. 将他们安排在稳定的生活环境中，并给予他们有规律的生活；
5. 当监护人观察到儿童情绪不良或者有某些心理问题出现时，及时安排专业人士给予辅导，避免儿童的心理危机持续泛化；
6. 每天安排亲子时间，用心倾听他们讲话，给予其肯定的回应，一起做开心的事；
7. 教会儿童表达情绪、放松减压；
8. 邀请他们参与家庭生活秩序的重建，但不应让他们承担与年龄不符的家庭责任；
9. 如果家长情绪不好，应向成年人寻求帮助，不应向孩子发泄情绪，避免造成更大伤害；
10. 必要时可向专业人员寻求帮助。

如何提升危机应对能力

人生是由无数选择组成的命运轨迹，在每一个重大选择面前调节好情绪、理性分析、谨慎选择，并对不同的选择拥有良好的学习适应能力。如果家长能在危机事件中，培养孩子拥有以下四方面的能力，那还会为孩子将来的学习、工作、为人处世发愁吗？

危机情绪管理

教会孩子如何理性面对危机，在危机来临时，如何保持良好的情绪状态，把情绪消耗降到最低。一旦处在危机中，情绪是非常消耗能量的。很多孩子在考试的过程中遇到难题，第一反应是着急、焦虑，而不是把能量用在如何解题上。换句话说，孩子不是被题目打败的，而是被自身情绪耗伤的。所以，家长可以利用假期延长，观察一下孩子做题习惯，借危机事件来说事，培养孩子淡定、理智面对危机的情绪管理能力。

危机分析能力

家长可以教一下孩子通过每日数据变化画柱状图等（小学四年级数学知识），或运用正态分布的原理分析局势，判断危机事件处在什么阶段。网上有些关于数据分析的图示和视频做得很好，融入了编程知识和变量控制，家长可以带孩子结合所学的数学知识一起看看。

危机决策能力

如果孩子能够根据上述分析，了解或判断出当下的重大危机事件处于一个什么样的阶段，就可以结合每天新闻内容和当地政府对民众的要求，来指导自己做出正确的选择。在面对相对复杂的境况时，家长可以引导孩子思考，对事物进行重要性排序，然后做出取舍。

终生自学能力

家长应以身示范，如何合理安排工作生活，保持持续不断的自学能力。自学能力强的孩子，受危机事件的影响相对就会小一些。保持终生的自学能力，是这个时代对我们所有人的基本要求，何不趁机来培养孩子的自学能力呢？

学校立志管理

在学校层面，作为老师该如何对学生进行心理疏导，指导学生成为自己的心理安全员，引导其正确面对重大社会危机事件？下面，我们为班主任提供了重大社会危机事件的班会实操指导。

课堂导入

作为学校老师，需要在班会伊始，向学生导入直面危机事件的主题，如：

> 本次危机事件是我国当前所有成年人要应对的一次战斗，这对所有的成年人而言都是一场考验。对所有孩子而言，虽然自己暂时是一个被保护的角色，但也可以将其视为一个重要的机遇。尽管成年人为本次危机事件付出很多努力，但在某些情况下，他们做得还不够好，也犯了不少的错误，那么作为未成年人的你们有幸也经历了这次危机事件，如果你们能把这次危机事件中所经历的变成一种智慧，或许有一天等你们成年后，开始成为这个国家栋梁的时候，你们再去面对类似的重大危机

事件时，你们就会比今天的成年人做得更好。

作为老师，可以从以下几个方面进行提问，以此提升孩子们应对重大危机事件的能力。

考验孩子的社会知觉

提问：“本次重大危机事件，你们每一个孩子都看到了什么？听到了什么？注意到了什么？”“在这次重大危机事件中，你们的父母在干什么？你们知不知道其他大人在干什么？”

这些问题实际上在考察孩子们的观察力，以及他们对于成年人世界所发生的事情的一种知觉，即社会知觉。

过去，无论是学校还是家长，都把学生看作不懂事的孩子，出于对他们的保护，不想让他们过多地进入成人社会。所以，很多孩子对于社会缺少社会知觉。但是如果发生重大危机事件，那就会不可避免地影响到他们，他们对危机事件是有感受和感知的，这种感受感知是不能用成人的感觉系统来替代的，所以我们需要询问他们的感受。

心理学认为，当我们认知到一件事情的时候，这个事情就会变得容易解决。当孩子们开始拓展认知，把他们在重大危机事件发生过程中所听到的、看到的、想到的、观察到的，以及与他们有关的、无关的、在他们身上发生的和他们观察到的成人世界的这些东西……都能够以语言或者文字的方式描述出来的时候，这就代表着他们开始觉察、觉知、知觉这个世界了，当这些事件能够被他们认知到的时候，其焦虑就会有所缓解。所以，这也是一种解决心理问题的方法和心理疏导的方法。

提问的作用不仅是心理疏导，还可帮助孩子提高认知能力，这是一种学习方法。由于每个孩子处于不同的城市、不同的地区、不同的家庭，他们在事件中所受到的影响不同，所以我们要听到的是每一个孩子发自其内心的答案。当孩子们说出他们的答案之后，我们就会发现，有些孩子更多地注意到了大人们在干什么，还有一些孩子只关注到自己的生活发生了什么。

这些问题是把孩子从他们的未成年人的世界带入成人的世界，以增强他们社会知觉的一种有效途径。

不管是一个好的心理工作者还是一个好的教育工作者，重要的不是给出答案，而是提问题。能够提出一个好的问题，就是最好的心理工作者和最好的教育工作者。

模拟未来管理

提问："如果你们有一天长大了，遇到类似的重大危机事件，你们会做什么？你们会如何做？"

当我们把孩子从他们的世界带入成人的知觉世界后，我们应继续引导孩子模拟想象一下，等他们长大后，遇到类似重大危机事件，该怎么做。

教育的本质就是为了提高孩子进入未来社会的能力和适应性。这一系列问题旨在帮助孩子为未来做准备。不管是课堂学习还是课堂外的游戏，都在尝试为孩子们建立一个模拟的世界，或者教孩子们自己尝试建立一个模拟的成人世界。因此，所有的学习都是某种意义上的过家家，所有的游戏也都是在玩过家家，各种不同版本的过家家，为的就是模仿成人的世界，等到有一天能够更好地适应社会对孩子们能力的要求。

这个系列问题的抛出，正是促进孩子们来模拟他们未来管理这个世界的能力，而这正是我们的教育目的。或许我们成年人在这次实践中，有些做得不够好的地方，但我们希望下一代能比我们做得更好，这就是教育的意义。

开启立志教育

提问："如果有一天你长大了，你会做什么？""将来等你长大了，你能为咱们的社会、国家、全世界甚至全人类做哪些贡献呢？"

我们将孩子们代入成人世界，让他们去模拟讨论成人世界遇到的困难危险，不仅仅是在培养他们未来的能力，也是在培养他们当下最需要的能力——立志。立志对于一个孩子而言，具有重要的意义。

如今，很多孩子身上都呈现出一种社会退缩、社会回避的现象，如对学习丧失兴趣，甚至不愿意去学校上学，办理退学的孩子也越来越多。究其原因，与他们没有立下个人的志向有很大关系。很多孩子虽然在课堂上学习，但并没有强大的驱动力。因为他们学习似乎是被父母、老师要求的，他们没有一种发自内心的学习动力。究其原因，就在于他们没有立下志向。

所以，我们需要把孩子们引入新的社会挑战中，让他们直面重大危机事件。当我们在促使孩子思考“如果你有一天长大了，你们会做什么？”这类问题时，就能够：

1. 帮助孩子们更好地去澄清“我长大之后要做什么”；
2. 帮助孩子将个人的理想转化为为社会服务的社会理想和志向。

孩子们一旦有了一个社会志向，他的学习就有了动力。不仅现在学习有动力，他还会产生未来时代所需要的终生学习的动力。

立志教育的心理学原理

孩子们在讨论、模拟作为成年人更好地管理、面对危机事件的过程中，他们会在不知不觉中缓解了他们的焦虑。对于任何一个国家的孩子而言，缓解焦虑最好的方式就是把现实变成一场游戏，而刚才孩子们所做的一切，就是在把本次危机事件变成一场可以模拟的游戏，来提前考考他们，启发他们的智慧，让他们更好地进入社会知觉，并树立个人的志向，由个人志向再转化为社会志向。

如果能做到这些，我们相信，无论将来遇到什么样的危机事件，孩子们一定会比我们这一代人表现得更好。由此可见，孩子们能够从危机事件中学习到的知识，在很多书本上是学不到的。

小学生心理调适锦囊

下面为小学生们提供了几种心理调适方法，家长或老师可以带着孩子们做一做。

深呼吸放松法

吸气：深深地、慢慢地大吸一口气，直到吸不进去，屏住。

呼气：慢慢地、轻轻地呼出来，呼出来，呼出来。

然后，重复上面的步骤 3~5 次，吸气，呼气。

躯体肌肉放松法

对于小学生而言，这既是一个减压的方法，也是一个锻炼身体的方法：

1. 选择仰面躺在床上或者舒服地坐在沙发上；
2. 握紧你的双拳，握紧，再握紧；然后慢慢放松，再放松，完全放松；
3. 抱紧你的双臂，抱紧，再抱紧；然后慢慢放松，再放松，完全放松；
4. 双腿伸直，绷紧你的脚弓，绷紧，再绷紧；然后慢慢放松，再放松，完全放松。

积极“愿望清单”

列出平时一直来不及实现的所有兴趣爱好，排个序，按照优先级勾选出在家里就可以实现的活动，逐项实现，直到每项活动让你感觉有点儿无聊为止。如果你平时的爱好较少，还可以发展一些新的爱好。也可以发布在朋友圈里，邀请更多同学一起参与，相互激励。

积极画面法

当我们想摆脱一些敏感、负面的信息时，我们的大脑就需要想象一些相反的、与此无关的画面。

例如，我们可以带领孩子一起回忆曾经的旅行，或是讨论、幻想一段新的旅行。我们可以打开手机，下载几张没有去过的旅游景点的照片、图片，然后带领孩子，一起想象自己作为背包客，进入这一景点的画面中，做一日游览，想象一下在这里会遇到什么样有趣的人、事、物。这些画面刚开始的时候是由你们的想象创造出来的，但是随着画面的进行，你会发现这些画面就像演电影一样，自己开始演起来了。

由于这些画面暂时与危机事件的应激源无关，所以一旦远离应激源的这些信息在我们大脑里面生成，这个画面带给我们的就不是那种紧张感。

提取积极记忆法

大概用四分钟左右的时间来完成练习，同时你可以选一首四分钟左右时长的轻音乐。

1. 闭上眼睛，想象一下，在你的面前有一个电脑屏幕，这个屏幕是感应式的，可以用手触屏。

2. 听着音乐，这时候你可以想象一下，当音乐响起时，屏幕上就开始不时地蹦出很多个问号，你用手去点击这些问号，每当你用手点击一个问号的时候，这问号就会蹦出一个你曾经存储过的某一个记忆。每一个问号代表着你的一个记忆，那么这个屏幕就是一个记忆的仓库。

之后下一个问号又开始蹦出来了，它们蹦出的速度很快，你不得不用两只手去点这些问号，就像你在触摸屏幕一样，每当你的手碰到一个问号，问号就会蹦出一段记忆，蹦出个曾经发生过的故事。

3. 在测试的过程中，你回忆起的这些记忆中，有多少是积极的记忆，有多少是消极的记忆？

如果你回忆的大多数记忆是积极的，那说明你是一个比较乐观的人。如果你回忆的大多数记忆是消极的，那说明你比较容易消极。

如果一个人提取的消极记忆较多，那就会导致其自动化的负性思维，似乎他的记忆中充满了消极经历，充满了痛苦。但实际上他的人生并非如此，只是因为他有意识地选择了生命中那些负面的事情，把它提取出来而已。

后续可以进行针对性的训练，引导孩子们去有意识地做积极记忆的提取训练，然后通过分享故事，获得心态的转变。

第3章

中学生的心理干预与防护

世界卫生组织将10~19岁定义为青春期，进入青春期的孩子会把生活和学习的主体责任从父母身上逐步过渡到自己身上，并为最终脱离家庭做好各项准备。青春期的孩子从内心希望自己被当作成年人对待，有非常强烈的独立需求。

下面是在2020年年初爆发新型冠状病毒肺炎疫情期间，一名高中生对其母亲的抱怨：

> 我亲爱的妈妈，您一天对我说无数遍“你又在玩手机了”，您就真的不考虑改变一下吗？如果您是在我玩手机的时候说我，我也能理解，可是您为什么要在我写作业、记笔记的时候说我玩手机呢？您也知道，现在几乎所有的同学都没有课本，也没有纸质的学习资料，老师都是把学习内容发到手机上，我不看手机我读啥写啥？老师要求我们每天写完作业要拍照打卡，我不用手机，我拍啥照打啥卡？课后，我不看手机上的PPT讲义和习题，我怎么完成作业？有问题我不用手机问老

师，难道问您吗？我都跟您解释了，您还唠叨个没完。您也太“恐怖”了吧！

案例中的学生正处在青春期，而孩子的母亲在面对新型冠状病毒肺炎危机事件时，由于自身的原因，产生了较强的焦虑、恐惧感，不厌其烦地叮嘱孩子，让孩子感到自己不被信任、个人的私人空间受到侵占、自主权受到挑战，并由此产生无奈、烦躁甚至愤怒、忍无可忍的情绪。由此可见，这位母亲对孩子的过度干涉并不是爱孩子的行为，本质上是焦虑转嫁、情绪宣泄、情感剥夺。

面对危机事件，中学生常见的心理反应

2020 年的新型冠状病毒肺炎疫情危机涉及范围广、时间长，大多数中学生起初因假期延长而窃喜，后期则因不断延长的假期而产生了很复杂的情绪。下面是中学生的网聊记录：

疫情刚开始时，我感觉很恐惧，很害怕自己或者身边的人得这个病。然后就是讨厌那些吃蝙蝠的人，搞得我春节都没有过好。后来封了城，天天都要待在家，感觉很无聊，除了玩手机也没什么事情可做。尽管心情还不错，但是天天待在家里，特别想出去走走，特别想上学。天天在家玩手机、睡觉、吃零食，有种颓废的感觉。

如果家人对危机事件有过度的反应，同样会加剧他们的情绪波动。

概括起来，危机期间，中学生常见的应激情绪反应有以下几类。

紧张、不安、焦虑和恐慌等

2020 年爆发新型冠状病毒肺炎疫情期间，我们收集了一些中学生通过微信进行的交流，从这些对话中反映出他们的紧张、不安、焦虑和恐慌。

- “别人打喷嚏、咳嗽时，我就觉得自己要被传染了。我的担心正常吗？”——有孩子为疫情本身焦虑。
- “原打算高三最后几个月好好地拼一把，现在不能上学，天天只能在家里上网课，有些内容没学懂，打电话问人又不方便，好烦啦！”——有学生为升学发愁。
- “你们在看每日数据吗？确诊人数每天都在增加。”——网络上不断增长的确诊人数让他们感到焦虑和恐慌。
- “整个小区都封闭了，大街上也没有什么人……”——近距离防疫氛围更让他们不安。
- “我妈妈必须奋战在疫情一线！”——为父母的安危忧心忡忡。
- “身边人有被确诊的了！”——怕灾难降到自己头上，紧张、恐惧……

孤单、无聊、空虚、无意义感等

青少年需要借助一些活动载体，在同伴认同中实现自我认同。危机事件期间，如果孩子们不得不宅在家，无聊是他们相当普遍的一种情绪反应。

- 因为疫情，绝大部分学生现在都在上网课，我不得不七点多就起床，八点一过就守在电脑前上课。虽然这比正常上学的作息时间迟一些，但我还是想去玩，毕竟这是初中阶段的最后一个寒假。我在家里比较无聊，基本上就是学习、追剧、吃东西。
- 以前觉得玩手机可以解决一切烦恼，可现在玩手机都让我觉得很无聊。
- 吃饭睡觉打游戏，空调热水电视剧，扑克桌游三国杀，零食饮料矿泉水，花生瓜子八宝粥，除了一爽，就是无聊。

中学生们为了获得更多的同伴支持，也加入了一些网络社群，虽然和好友可以在线上联系，但虚拟环境的互动与真实世界比，还是存在很大的局限性。虽然联系的范围广了，但联系的强度受限，不利于情感的深度交流，在网上待得太久，内心就会产生一种深层次的孤独感。

青春期是人生观、价值观、世界观形成的重要时期，尽管中学生对“我是谁”“我往哪里去”“我该怎么度过这一生”有一些思考和探索，但在危机事件中，有的学生可能近距离与死亡擦肩而过，从而会产生空虚感、无意义感。

无奈、烦躁、挫败、沮丧、懊恼等

面对 2020 年这次疫情危机，中学生还会表现出无奈、烦躁、挫败、沮丧、懊恼等情绪。

网聊摘录 1：“只想上学，上网课效率低，任务重。天天坐在电脑前面，手机也要用，眼睛真是熬不住。就是想出门，天天看微博中的消息很气愤，希望 2020 年快点过去。”

网聊摘录 2：“我不想离开家，只想离开我的爸妈。”

网聊摘录 3：“听不懂，烦，又忍不住刷了会儿手机，恼自己管不住自己。每天还要打卡，真烦！”

新型冠状病毒肺炎疫情期间，除了以上的情绪反应，中学生们还会有一些其他的应激症状。初三、高三学生因要面对升学压力，严重者甚至会出现明显的应激症状。

- 认知表现：注意力、记忆力、思考能力下降。
- 行为表现：反复查看，冲动性、攻击性行为有所增加。
- 生理表现：心跳加快，呼吸加快，食欲下降或暴食暴饮，容易疲倦，入睡困难，睡眠质量差等，会因长时间焦虑出现肌肉紧张、坐立不安。

中学生可以做自己的心理安全员

进入青春期的中学生，在独立意识和性意识这两方面有所觉醒。在这个时期遭遇危机事件，对他们而言，可以从灾难事件所蕴藏的人生哲理、经验、教训中汲取养料，从而可以在危机中迅速成长，成为自己的心理安全员，更快地完成与父母的心理分离，走向心理成熟，对自己的未来担负起全部的责任。这对于孩子一生而言，都是一笔宝贵的人生财富。

为未来的社会适应负责

学习是提高社会适应性的必要过程，无论发生怎样的危机事件，中学生都要在其间加强学习。

给予选择权力，提升自我管理能力

网络课学习这一形式具有高灵活性和随机性的特点，中学生需要学会时间管理：做好科学规划，管理好学习过程，提高学习专注度，体验在自学中的自我成长和自我管理。

此外，在劳逸结合中丰富自己的内心世界，运动可有效缓解消极情绪。中学生待在家中，可以根据自己的兴趣爱好，选择自己喜欢的锻炼方式，如广播体操、街舞、瑜伽……也可以和家人自创娱乐活动，让家庭氛围更为融洽。更重要的是，当孩子可以自主选择自己喜欢的休闲方式时，他们也会获得一定的掌控感，这样的掌控感对于青春期的孩子来说特别重要。

多元探讨事件，增强应对能力

网络时代，尤其是发生危机事件之时，会出现信息过载、失真、片面的情况。大灾大难彰显人性万象，危难时刻方显人生百态。中学生在浏览危机新闻时，可以尝试着去独立思考、分析，或跟家长、同学讨论，这有助于自我形成多元视角。当一名中学生拥有多元人生视角时，就能把问题看得更全面，从而大大增强其对事件的判断能力和应对能力，并有效降低孩子被群体裹挟的可能性。

扩展心理空间，提升与人交往的能力

首先，中学生要学会处理好与自己的关系。

有学生向我咨询："因为疫情，学校延迟开学了。一方面我感到很开心，希望疫情晚点结束，这样就可以在家多玩一段时间；但另一方面我又为自己的这种想法感到羞愧和内疚，觉得自己很自私。我该怎么办？"青春期本身就是一个充满了矛盾和冲突的时期。在这个时期，每个人心中都住着两个"小人儿"：一个小人儿崇尚自由，爱玩，调皮，喜欢偷懒；另一个小人儿却有着强烈的责任心、正义感。特殊时期，孩子们内心的两个"小人儿"战斗得更为激烈。其实，无论哪个"小人儿"，它们的诉求都是有意义的。爱玩、爱自由是人类的天性，人人都向往轻松的生活；但是道德感也不可缺失，它是推动人类社会进步的动力。孩子并不希望危机事件给他人带来伤害，只是想拥有更多的休闲时间，这是很正常的心理状态。总之，中学生既要学会接纳自己，还要学会包容他人。

其次，中学生还须学会处理好与他人的关系。

青少年都希望自己被当作成人看待，于是在与他人相处时，其言行举止或多或少都会表现出成熟而理性的一面。共情能力是未来相当有竞争力的处世才能。而他们的父母在他们这个年龄时所经历的事件有的可能是一些创伤性事件。当类似情境重现时，就会激起父母没有被处理好的一些情绪体验，这是父母不自知、也难以自控的。所以，当父母情绪失控时，孩子若能冷静与父母沟通，成为吸纳父母消极情绪的容器，这个过程则是孩子很难得的提高情商的

机会。

为当下的情绪体验负责

有一位女中学生问我："我妈妈看了新闻后变得很紧张，搞得我也紧张起来。紧张的情绪也会传染吗？"的确，情绪会在人与人之间"传染"，因为人们天生就有感受他人情绪的能力，即共情的能力。共情是人们在遇到困难时彼此支持的基础。这位女中学生之所以会被她妈妈的情绪影响，是因为她关心妈妈，愿意与妈妈一起分担紧张和压力。所以，在关系亲密的人之间，情绪的"传染"性更强。

对情绪要有合理的认知

情绪是我们对客观事物是否符合自身需要而产生的态度体验。一般来说，凡符合、满足人的需要的客观事物，往往会给人带来满意、愉快、喜爱等积极情绪体验；反之，凡不符合、不能满足人的需要的客观事物，会使人产生不满意、不愉快、憎恨、忧愁等消极情绪体验。

社会上有一种偏见，认为抑郁、焦虑、烦躁、苦恼、痛苦等所谓的消极情绪都不好，竭力去消除它们，往往又事与愿违。任何情绪都有它的心理功能。人类繁衍到现在，这些消极情绪也起到了重大作用，它引领我们做好更充足的准备去应对危险，它们对于推动社会的进步、文明的发展起到了重要作用。

当我们不安时，应跳出来看自己：我此时此刻是什么情绪？心理学家研究发现，当我们能跳出来看自己的情绪时，情绪就会自动消散一部分，能够给自己的情绪命名也是我们一项重要的能力。

及时疏泄消极情绪

虽然消极情绪有其心理功能，但是危机期间，如果我们感受到的情绪（也包括积极情绪）强度过大，持续时间过长，也会对我们的身心造成一定的损害，好比高压锅里的气如果不释放出来，锅可能炸裂。情绪是一种能量，我们要做的不是压抑它，而是疏泄它。

疏泄消极情绪的小技巧有很多：

- 可以通过深呼吸、运动等方式放松自己；
- 可以通过看书、看电影、听音乐等方式转移注意力；
- 可以向家人朋友倾诉，得到他们的鼓励和支持；
- 可以通过写日记、记录心情与自己不合理的想法“辩论”等。

中学生的心理调控技术

接下来，我们向中学生朋友介绍三种有效的心理调控技术。

安全岛技术

在家里选择一个不被打扰的房间，然后按以下步骤来做。

1. 选择一首和缓的有大自然声音的背景音乐。

2. 在播放这首背景音乐的同时，你在房间里寻找不同的小物件，如乒乓球、牙签棒、钥匙扣、小的配饰、小的挂件等。

3. 把它们集中到一起，放在地板或桌子上，要保证至少有二三十件这样的小物件，越多越好。用这些小物件去搭建一个你心里面觉得最能让你放松下来的“居所”，作为自己的“心灵花园”。

4. 给自己的心灵花园拍一张照片。如果你身边有荧光棒，你可以拿荧光棒放在心灵花园的外围。夜间把灯全部关掉，拍出闪光的心灵花园。

5. 接下来你躺在心灵花园的旁边，做一个白日梦。可以参考以下方式：

> 想象你的心灵花园建在海上的一座小岛中间，在那里没有任何人能够打扰你，你非常安全。你的心灵花园有一扇装有密码锁的门，只有你才能打开门，别人都进不去。
>
> 打开密码锁之后，你走进了你的花园，把门关上，然后你可以看看你的心灵花园的前院、后院都有些什么东西。有花草、有果树、有草坪。接下来，再进入你自己的卧室。这里有一张大大的床，窗外明媚的阳光铺洒到你的床上，非常温暖、舒适。此时，你就躺到你卧室的床上。

6. 躺下之后，我们还要说几句“内心对话”。

第 1 句话：“我们不必对我们生活中发生的每一件事负责任，我们当下只需要对自己的身体负责。”

第 2 句话：“我们本来就不曾拥有什么，这个世界上没有任何一件东西是固定属于谁的，而当下我只需要拥有我能够睡觉的安全岛空间。”

第 3 句话：“真正的安全一定源自我们的内心，而不是外界有安全感的人。我们并不需要占据社会上任何一种资源，也不需要被谁喜爱，或者被谁厌恶，所以不在乎拥有的，也不去惦记没有的，不用害怕失去什么，不用担心未来，不为过去的事情而烦恼，我现在只拥有当下这片空间和这个空间带给我的安全。”

心理着陆技术

这一心理自助技术可以把中学生的注意力从危机事件中转移出来，带到当下安全情境中，帮助他们应对非常消极的强烈情绪，摆脱情感痛苦。

精神性着陆技术

第一步，给自己的情绪命名。烦躁、焦虑、恐慌、无助、陌生感、丧失感、孤独感、无价值感，无意义感、被排斥感、另类感等都是危机事件下常见的情绪，你到底是哪一种？提醒自己，你是有能力同时拥有几种情绪的。当我们为自己的情绪准确命名时，我们的原有情绪会消散不少。

第二步，给自己的情绪打分（0~10 分）。你给自己这种情绪打多少分？如果高于 6 分，就要把注意力放在外面。环顾四周，尽可能多地说出环境中的颜色，尽可能多地说出房间中的物品。如果有窗户，看看窗外有什么东西；如果房间里有海报，仔细观察海报上有什么东西。

第三步，为自己的消极情绪打包。想象把自己的情绪打包，放到一个容器里。在你和这个情绪容器间有一段距离，在这段距离间有什么风景？它可以是你和好朋友玩乐时的那份轻松和喜悦，也可以是你最喜欢的一个爱好带来的成就和自豪，或是心仪的暗恋对象带给你的那抹微笑和阳光……

第四步，进行简单的心算。从 100 减去 5，一直减下去，一下减到 0 为止。

躯体性着陆技术

关注一个小物品。选一个能放在桌上的、不容易碰坏的、不会引起情绪波动的物品，如一支笔、一朵花、一块手表、一枚戒指、一个茶杯或类似的东西，不要选择可能伤害你的物品或你讨厌的人的照片，这样会激起你此刻太多的情感波澜。

在房间里找个舒服的地方坐下，确保你在几分钟内不会被干扰，然后把你选的物品放在前面的桌子上，关掉一切干扰声的来源。每天做 1~2 次这个练习，坚持两周，每次更换关注的对象。

你可以用缓慢、平稳的声音读出指令，用录音设备录下来，在你观察该物品时播放出来。

指令如下：

- 用自己感到舒适的坐姿坐好，做一个缓慢的深呼吸；
- 看着你眼前的物品，不要碰它，仔细观察它的特征；
- 这个物品的表面看起来是什么样的？

- 它的亮度如何？
- 它的光滑度怎么样？
- 它的硬度如何？
- 它是什么颜色的？
- 它是什么形状的？
- 它看起来还有什么独特之处？

  ……

现在把它拿在手上，闭上眼睛，用心去触摸它，注意它摸起来的不同感觉：

- 温度如何？
- 它有多重？
- 它是粗糙的还是光滑的？
- 它是有皱纹的还是平滑的？
- 它是柔软的还是坚硬的？
- 它是可以弯曲的还是平直的？
- 这个物品不同的部分摸起来有什么不一样的感觉？
- 摸它时你还有别的什么感觉吗？

用你的视觉和触觉感知这个物品，当你开小差时，把自己拉回来，继续感知，直到你观察到了它的一切特征。

心理迷宫技术

这是一款居家心理游戏，非常适合中学生朋友，当然，其他年龄段的孩子或成年人也可以通过迷宫技术来探索自我内在心理与人生规划。

心理迷宫技术基础原理

心理游戏分为语言和非语言两种，而心理迷宫游戏是统合了语言和艺术两种形式。迷宫是我们内心世界的投射，它可以投射出人们对生活的预期，孩子隐藏在内心无法表达的恐惧、焦虑等不良情绪，以及压抑的内心世界。可以帮助孩子更好地了解自己，促进亲子关系，还可以帮助青少年立志，重启内在驱动力，开启他们人生新的起点。

今天，我们将以画迷宫为载体，让孩子将内心中无法用语言直接表达的情绪情感，通过画迷宫、设计迷宫的关卡，在游戏中自然而然地表达出来，并帮助孩子勇敢地面对困难。

迷宫原型基本设计步骤

1. 设计一个迷宫。准备纸笔，让孩子自行设计一个迷宫。
2. 观察迷宫的特征——有无入口和出口。观察迷宫有无入口和出口，并询问孩子他目前处于迷宫的什么位置。如果没有设计出口和入口，我们要鼓励孩子画出出口和入口，这意味着他终将找到内心世界的出口。
3. 假如孩子画的迷宫有三个障碍，那么它们分别在哪里？是什么？让孩子设计并标示出迷宫中的积极情感、消极情感以及心理陷阱的位置。迷宫中有没有阻碍他前进的陷阱，如死胡同、炸弹、地雷等，并标示出来，也可以用家里的图钉等物品表示。然后，家长和孩子一起讨论与他生活有关的积极情绪包、消极情绪包。

4. 完成迷宫路径的探险。家长与孩子一起用系上毛线的笔，从迷宫的入口探索一条安全、便捷通过各种阻碍，并最终到达出口的最佳路径。可以两人一组，比如爸爸和妈妈分别陪孩子走一次；也可以是增加难度的三人组，父母与孩子共同在走迷宫的过程中一起扫除心理阻碍，最终胜利抵达出口。
5. 复盘，并设计一个新的迷宫。总结前一个迷宫的经验，并重新设计捷径迷宫。孩子在游戏中能不断超越自己，可以反复设计迷宫，反复操作完成。当他们一次次找到自己的固着和障碍，一步步将复杂的迷宫不断简化时，孩子就会从被困的泥沼中去展望未来，去建构自己的未来。

迷宫技术的心理学意义

1. 迷宫的整体形状。从迷宫的复杂程度和形状投射出的是一个人对自己人生轨迹的困难程度，迷宫越复杂代表着经历的事情越复杂。迷宫的形状投射的是一个人的规则感，一般来说，方形的规则感最强，圆形的规则感中等。不规则形状的迷宫与规则的迷宫相反，规则感少一些，代表着有更多的想象和创造空间。
2. 迷宫的入口和出口。从入口和出口可以看出一个人做事情的目标感。有的人一开始画迷宫没有画出口，或者把入口和出口画在一起等，这些都隐喻了一个人做事情没有清晰规划，让自己置身于一种混沌的状态，就如同被人生中的某些过程迷住，自己给自己的人生设置了很多重复性的劳动，花在做无价值的事情上的时间过多。

3. 观察迷宫障碍，挖掘内在心理资源。家长可以要求孩子回答，刚进迷宫入口之后，立即就会遇到的三个阻碍是什么？他的回答投射的是青少年进入社会之前，可能会遇到的心理阻碍，也就是拉康精神分析理论中所提出的，有关孩子进入社会的三个陷阱的隐喻。

   在迷宫中重复出现的拐点和重复出现的陷阱，也反映出这个孩子思维路径中的固着，以及思维路径中重复出现的错误，一旦改变就会对人生产生很大的促进作用。

4. 看迷宫的分叉点。迷宫技术投射的就是人们对生活的预期，歧路多、迷宫分叉多的人总是很难做出选择。
5. 看迷宫的简化程度。通过对迷宫的简化，表达的是不断地澄清和简化对未来路径的投射，当曲折弯曲的路径越来越少，这隐喻着孩子找到了人生发展的捷径的思路。

第4章

老人的心理干预与防护

2020年新型冠状病毒肺炎疫情初期，我国国家卫生健康委员会发布了《关于做好老年人新型冠状病毒感染肺炎疫情危机事件防控工作的通知》，通知要求各地进一步做好老年人的疫情危机事件防控工作，采取有效措施，切实降低老年人的感染率，尽最大努力减少重症和死亡病例。

由此可见，当发生重大公共危机事件时，老年人的心理防护工作也是重中之重。由于老年人接收信息不畅，更容易在这类公共危机事件面前出现心理上的特殊变化。如何尽快地调节老年人的心理冲突，让他们以积极的心态度过特殊时期，是摆在每个人面前的课题。此外，我们也要引导老年人当好他们自己的心理安全员。

我曾在微博上看到一则标题为《新型冠状病毒感染肺炎期间希望关注一下武汉的独居老人》的博文：

> 我妈说今天去药店买口罩时，碰到一位老爷爷问店员他能

不能单买三个，药店说不零卖。睡前突然想到这个事情，好难受：我们可以抢口罩，可以自查自测，但是还有一些老人或许没有子女，没有经济来源，也没有信息来源，并且口罩购买途径也基本没有，口罩也抢不过年轻人，老人家是易感人群，抵抗力弱。在恐慌的氛围中我想到明天是除夕，感觉好害怕啊，有没有人负责给那些独居老人发放口罩和宣传册呢？

网上还有一则消息：

疫情期间，一位姓沈的70岁老人，平日里独自一人居住在昆明市福虹家园小区，被证实出现了发热症状。当120来接他就医时，老人却拒绝前往医院接受检查。经过医务人员长时间地耐心开导，老人才终于同意前往医院就医。

为什么抵抗力相对弱的老年人却不愿意戴上口罩，也不愿意就医呢？这些都代表着老人们什么心态呢？

针对老人的心理分析

孤独感是这些老人最主要的心理特点

家庭对于老年人来说，具有极为重要的精神赡养作用，家人可以一起营造温暖的家庭氛围。而对于一部分老人来说，其子女因外出工作，他们之间的情感交流逐渐减少，日常陪伴和亲情关怀这类再寻常不过的事情成了“奢侈品”。70岁高龄的陈奶奶就是一位孤独的留守老人，她告诉记者她的子女都在外打工，一年才回来一次，她平日里也想让孩子们常回家看看，但这个愿望太难实现了。

安全感严重缺乏

一对老夫妻入住上海市徐汇区长桥街道敬老院，男性老人因为抑郁症曾两度自杀。

随着年龄的增长和身体的衰老，老年人患病的概率也相应增加。而且他们往往发病突然，如果那一时刻家中无人导致抢救不及时，老年人的生命就会受到威胁。除此之外，近几年，老人突发疾病去世而无人知晓的事件也越来越多，一个个令人痛心的消息也会让留守老人们感到害怕，他们担心类似的事情发生在自己身上。由此，不少老人承受着沉重的精神负担，缺乏必要的安全感。健康的需求、体现自身价值的需求也是老年人普遍存在的一种心理状态；人到老年，精力、体力、脑力都有所下降，有的老人生活不能完全自理，希望得到子女的关心与照顾。

老人常见的心理反应

据统计，70% 的独居老人患有慢性病，再加上子女不在身边，他们身边连个说话的人都没有，难免会产生以下的心理反应与消极情绪。

1. 孤独和失落感。独居或孤寡老人更易产生无助无力、压抑之感，他们的情感日渐脆弱，容易产生孤独、被遗弃的心理，从而导致忧郁。
2. 多疑和敏感。老人的多疑主要有两种表现：一种是不相信自己患上某种疾病；另一种认为自己得的病要比医生说得严重得多。例如，在2020年新型冠状病毒肺炎疫情期间，不少老人要么外出不愿意戴口罩，感觉自己不会被传染；要么会产生衰老和死亡的联想，导致产生自卑、烦躁、焦虑、多疑等情绪。

3. 行为退化。独居或孤寡老人的反应相对比较迟钝，因不能熟练地通过电脑或者智能手机上网，他们获取信息的途径也很有限；他们生活极其单调，当注意力无法转移时，会产生内疚、负罪、失落和依赖感，常常因为小事而做出抱憾终身的过激行为。
4. 心理行为偏离。以2020年新型冠状病毒肺炎危机事件为例，有些老人戴着口罩也要出去遛弯、锻炼、下棋；有些老年人出门就是不戴口罩，不加防护，照常走亲访友，面对子女的劝阻，认为他们是嫌弃自己。

认知层面的调整

家人协助进行心理诊断

作为老人的子女，要抽时间多给他们打电话，关心其身心健康状况，是否有诸如入睡困难、多梦（做噩梦）、早醒等现象；是否会反复回想与公共危机事件相关的信息、视频；脑海中是否会不断冒出与危机事件相关的字眼；他们是否容易受到惊吓，或者不敢看与疾病相关的信息。如果出现以上现象，可能就是应激反应过度。

如果出现更为严重的情况，建议子女带老人寻求心理医生的帮助。

下面，我们会介绍一个直接、快速、可以让老年人做自己的心理安全员的方法。

首先，子女可以让上了年纪的父母先思考一下，然后在纸上写出以下问题：

1. 目前，我处在一个什么样的环境？
2. 目前，应对当下的危机事件，有哪些有利的因素和哪些不利的因素？

如果老人不识字，可以由子女代笔，在纸的左侧写下有利因素，在右侧写下不利因素。当老人把对自己的有利因素和不利因素全部写下来之后，再来看子女们能否采取一些有效减少不利因素的方法。

请记住：面对恐慌最有效的方法，不是去调节恐慌的情绪，而是做必要的准备。

领悟并调整自己的非理性信念

子女们可以帮助老人接受新的比较理性的观念和判断。例如，要把“这次危机事件很严重，医生都无法幸免，普通人更无法幸免了”改为“这次公共危机事件很严重，一些医生防护不当有可能无法幸免，但如果正确防护，普通人也不会被感染”；把“没有可以治疗这种传染病的药物，感染了就不可治愈”改为“虽然有死亡病例，但很多患者已治愈出院，这种传染病是可以治疗的”。

增强认知监控

在公共危机事件的影响下，老年人群体较容易受到绝望情绪的影响，出现过度关注、夸大危险的倾向。例如，2020 年新型冠状病毒肺炎危机事件中，一些老年人过度关注与公共危机事件相关的负面新闻，不断在微信朋友圈发信息，给自己造成紧张恐惧情绪及对死亡的焦虑。这些行为与老年群体普遍存在的对健康的担忧和对生命的绝望感有关。在美国心理学家埃里克森提出的人类心理发展的八个阶段中，在老年阶段，老年人很容易因衰老而产生对生命的绝望感。对此，子女应该帮助老年父母通过对自己一生经历的思考和整合，体悟人生与生命的意义，对抗绝望感。

老年人退出社会正式工作之后，往往在获取信息来源上更多依赖小渠道传闻等。所以在突发危机事件期间，子女可以帮助他们养成通过官方媒体了解准确的公共危机事件信息的习惯，不传播也不轻信来自非官方渠道的公共危机事件信息，以免造成不必要的盲目乐观或过度恐慌的心理。

行为层面的调整

活在当下

子女们可以帮助老人制订一张生活计划表，将注意力转移到每天需要按时完成的事情上来，并以此来减少他们每天接触负面消息的时间。面对诸如 2020 年新型冠状病毒肺炎危机事件，一方面，督促老人们积极预防，为避免老人感染，尽量少出门；另一方面，为避免老人因长时间不能外出而产生抗拒、焦虑、抑郁等不良情绪，培养他们成为自己的心理安全员。

让身体动起来

让上了年纪的父母每天给自己安排一定的运动和休闲时间，即使在室内运动也应如此。让他们从对负面信息的过分关注中走出来。钟南山院士曾特意提倡大家练八段锦以增强抵抗力。八段锦是一种以调理气血为核心的、充分体现中华传统医学精髓的健身操，有柔筋健骨、养气壮力、行气活血、协调五脏六腑的功能。老年人经常习练八段锦，能够改善神经体液调节功能和加强血液循环，对神经系统、心血管系统、消化系统、呼吸系统及运动器官都有良好的调节作用。

适当的娱乐活动

子女可以陪伴老人适度地进行一些娱乐活动。社区相关工作人员也可以帮助孤寡老人多参与老年人社团的活动，丰富其娱乐生活，以帮助老年朋友恢复损耗的认知资源，形成更多的消极情绪。

老人们可以在一起玩的游戏或者由子女陪伴进行的娱乐性活动主要有以下几种。

1. 套圈夺宝。用易拉罐摆成三排，参与者在一定距离处用铁圈套易拉罐，套中者得分。通过游戏丰富娱乐生活，可提高老人健身的积极性，加强老人之间的交流互动，使老人老有所乐，增强老人的身心健康。

2. 猜谜会。参与者拿着谜底找谜面，找对者得分。这是一项智力游戏，在游戏中，老人开动脑筋，主动参与活动，达到益智、延缓衰老、降低患老年痴呆症的效果。
3. 折纸花。折纸花可提高老人的主动性和耐心，锻炼老人的动手能力，延缓衰老速度，降低多种病症的发生率。
4. 室内模拟门球或保龄球。平时爱打门球的老人可以在室内找一处空间，在一定距离处放一把小凳子，老人朝凳子两腿中间击球。也可以模拟保龄球，将易拉罐摆成排，老人在一定距离处掷球，以撞倒的罐数来计分。

与亲人和外界加强沟通

和年轻人一样，老年人也喜欢结交朋友，友谊在老年人生活中同样占据很重要的地位。实际上，人们在晚年时与朋友在一起的时间多于和家人在一起的时间。友谊能提供基本的社会要素之一——社会支持。社会支持是指社会关系网中相关人士所提供的安慰和帮助，这些支持对老年人非常重要。所以，作为不能陪伴在老人身边的子女，可以帮助他们建立良好的社交圈子，以促进他们的身心健康。

一旦发生公共危机事件，老年人更需要待在家里。有些老人不会上网，不善于用智能手机与老朋友联络，因而更加孤独。这个时候，家人和朋友的陪伴尤为重要。以下的陪伴对老人来说是比较有效、恰当的。

- 儿女或远方的亲朋好友可以给老人通电话、视频聊天、利用 QQ 或微信工具增进感情。
- 教老人使用新的网络方式联系亲朋好友。
- 加强老人与社区和物业或敬老院的联系。
- 老人及时调整自身心态，积极投身社会当中，主动融入集体中，融入亲人当中去，并且告诉自己，在这次危机事件中，没有人会成为孤岛，大家始终在一起。

对自己的生活赋予意义

奥地利著名心理学家弗兰克尔发现，一个人不管身居何处，或与谁住在一起，最重要的是能不能发现自己每天为什么而活着，存在的价值是什么，即能不能找到自己当下生活的意义。要让老年人成为自己的心理安全员，则需要帮助他们在危机中找到并赋予自己当下生活新的意义。例如，有些老年人能积极主动为儿女分忧，力所能及地帮助他人等，这些都是帮助他们再次获得社会存在感、获取生活意义的方式。儿女可以协助并引导老年人达成他们的心愿。

行为层面的调整

有备无患

面对恐慌最有效的方法不是单一地调节恐慌的情绪，而是做好必要的准备，这才是解决问题最有效的路径。换句话说，作为老年人，哪怕你只是认真思考一下，也会有助于你降低恐慌或焦虑水平。例如，想一想：这段时间我应采取哪些可以有效提高抵抗力的方法？比如，可以增加睡眠时间，冬天睡觉时将室温调高。只要你真正采取了一些能够让你的焦虑和恐惧减轻的方法，就能马上发现你的焦虑水平在下降，失眠症状得到缓解。

身体减压

老两口互相给对方按摩，通过身体的抚触，能缓解各自的焦虑。还可以闭上眼睛，把手轻轻地放在眼球上按摩。按摩一会儿之后，你会感到全身特别舒服，因为眼球有着非常丰富的神经系统，所以当眼球的神经系统受到轻轻的抚摸时，人就会感到身心愉悦，从而达到减压的效果。

回忆旧时光

老年人同样可以拥有浪漫的时光，在居家期间，老年夫妇可以一起准备食物；选一部老电影观看，共进晚餐；回忆年轻的往事……

具体的应对方法

老年人的安全感主要与身体有关，所以老年朋友首选与身体有关的心理游戏和暗示方法，做好自己的心理安全员，让自己动起来。子女也可以教家中的老人去做以下几个动作。

叩击穴位，让身体减压

将食指和中指弯曲成弓形，然后用指尖对穴位或相关部位进行叩击。

1. 叩击眼角和眼袋。假如你有些神经性的焦虑和偏头疼，可以在这些部位多叩击一会儿，叩击的力度也可以大一些。

2. 叩击眼球。把眼睛闭上，然后用食指和中指的指尖轻轻地叩击你的眼球，叩一会儿之后再睁开，你会发现很舒服。也可以按摩眼球。你闭上眼睛把手轻轻地放在眼球上，然后开始轻轻地按摩自己的眼球。按摩一会儿之后，你会发现你整个身体都感到特别舒服，因为眼球有着非常丰富的神经系统，所以当眼球的神经系统受到轻轻的抚摸的时候，人们也会产生身心愉悦和减压的效果。眼球的按摩减压法：（1）轻轻地叩击眼睛，闭上之后叩击眼球正中间；（2）轻轻地抚摸自己的眼球，当然抚摸时如果播放音乐感觉会更好。
3. 叩击人中。中医发现，我们面部有一些地方能够就像开关一样控制我们大脑的神经系统，控制了我们大脑苏醒的那一部分神经。叩击人中具有醒神开窍、镇静安神的功效，对缓解抑郁、失眠等慢性神经类病症也有效。
4. 叩击下巴窝。叩击你的下巴凹进去最深的那个地方。
5. 叩击腋窝。就是腋窝最深的地方，拿两个指头去点你的腋窝，然后快速叩击。
6. 叩击乳下穴。该穴位位于乳头下面一寸的位置。
7. 叩击锁骨下。就是锁骨底下一点点那个区域，也可以叩击。
8. 手部叩击。让两只手就像两把刀一样，互切手掌肉最厚的侧面那个地方。互切的时候，两只手都会被刺激到。
9. 叩齿。为了更好地叩齿，让后面的牙齿叩一下，前面的牙齿再叩一下，分别做，这样才能让整个牙齿都能够被叩击到。还要特别注意，你后面的牙齿是紧闭在一起的，要连续地叩击，前面的牙齿也紧闭在一起，也要连续地叩击，你可以反复叩击 10 次。叩齿的时候，会产生唾液，唾液里面有很多消化酶，有助于减肥，还具有一些抑制癌症的因子，所以叩齿完毕，再把唾液咽下去。

内心独白恢复安全感

老年朋友可以通过说以下的内心独白，来做自己的心理安全员。对于这些内心独白，子女可以先说一遍，然后让老人复述。

1. 我们不必为生活中发生的每一件事负责，我们眼下只需要对自己的健康负责就可以了。
2. 这个世界上没有任何一件东西是属于某个人的，而当下我只需要睡个好觉。
3. 真正的安全源自我们的内心，而不是来自外界有安全感的某个人。不要在乎拥有的，也不惦记没有的，不用害怕会失去什么，不用去担心未来，不要为过去发生的事情而烦恼。我现在只拥有当下所用的这片空间以及这个空间所带给我的安全源泉。

通过上述方法，老人可以有效地消除自己内心不安全感的因子，重新试着去掌控安全感，从而通过获得安全感来慢慢地丰富自己的内心，找到自己当下存在的意义。

第5章

一线工作人员的心理干预与防护

青海长云暗雪山，
孤城遥望玉门关。
黄沙百战穿金甲，
不破楼兰终不还。

［唐］王昌龄

正如王昌龄诗中描述的那样，自古以来，战争一旦爆发，将士们便克服重重困难，告别亲人，披上黄金甲，奔赴前线，视死如归。2020年，这个春节本该阖家团圆的日子，一场没有硝烟的战争——抗击新型冠状病毒阻击战吹响了“集结号”。

新型冠状病毒危机事件突发，快速扩散的病毒非常狡猾，防不胜防，全国上下气氛异常紧张。第一时间奔赴抗疫情一线的不是武器装备精良的战士，而是全副武装的一群特殊的群体——医护人员。他们为了亿万人的生命安全，毅然签下生死状，逆行而上，奔向水深火热的抗疫主战场。

2020年的除夕夜，何嘉安（化名）一家三口分处三地：孩子在老家，妻子在重症监护室工作，他本人则在隔离病房。

何嘉安也是一名医生，在武汉汉口医院放射科工作，在这场无硝烟的危机战役中，更是一线中的一线。

从2020年1月中旬开始，何嘉安及其同事每天要给数以百计的病人做肺部检查，近一半的人都出现了肺部病毒感染。

1月21日晚上，何嘉安开始发烧、干咳。第二天，他做了进一步的检查，后来也被确诊为新型冠状病毒肺炎患者。

住进隔离病房，何嘉安做的第一件事就是给父母打电话，托他们把13岁的女儿接过去照顾。何嘉安在隔离病房接受治疗的第八天，同在一家医院工作的妻子一次都没来看过他。何嘉安平静地说，这是他俩的约定，“免得浪费一件防护服”。

很多战斗在一线的医务人员，有的因为超负荷工作，有的感染了病毒而不幸离世：

1月23日，泰州市人民医院感染科姜继军去世；

1月25日，湖北省中西医结合医院（新华医院）耳鼻喉科梁武东去世；

1月28日，江西省大余县疾控中心工作人员蒋金波去世；

2月3日，湖南省衡山县东湖镇马迹卫生院药剂组副组长宋英杰去世；

2月7日，南京中医院副院长徐辉离世；

2月7日，武汉中心医院眼科医生李文亮去世。

自2020年1月23日武汉封城以来，防疫战争也进入了攻坚时刻。医护人员不顾自己的安危，冒着生命危险争分夺秒地救治被感染的患者。

> “一个张嘴的动作，就会产生大量病毒，随时威胁到护士们。”说到这里，华中科技大学附属同济医院护理部主任汪晖忍不住潸然泪下。除了病毒，她们还承受着其他心理压力。
>
> 为了节省防护服，医护人员不敢吃喝，生理期也不能换衣服，崩溃流泪。
>
> 为了便于穿脱防护服，医院女医护人员自发剪了短发，女护士边剪发边流泪。
>
> 国家中医医疗队队长张忠德，曾在治疗SARS患者时被感染，这次他又带队支援湖北省中西医结合医院。身经百战的他这次却忍不住落泪，直言“我怕，我担心”。

他们累倒了，病倒了，被感染了，高度疲劳和紧张，甚至耗竭；一线工作者的心理状态同样令人担忧，焦虑不安、失眠、抑郁、悲伤、委屈、无助、压抑、面对患者死亡的挫败或自责。非常时期，由于医护人员心态不稳定，因此十分有必要及时做调整。为了让他们更好地工作，更好地适应生存，通过科学的途径评估其心理状态，我们需要为他们提供有效的心理支持，并且已迫在眉睫。

面对危机事件，一线工作人员的心理反应

如果突发的是疫情，一线工作人员每天不仅要承担沉重的救援

任务，还要面对患者及疑似患者，面临着被病毒感染的风险，其身体健康及生命直接受到威胁。2020 年初新型冠状病毒肺炎疫情的突然发生，导致医疗机构负担增加，医护人员短缺，工作环境发生以下巨大变化：

- 由于处于应急救援，医护人员的工作时间明显延长，缺乏休息；
- 医院缺乏救援物资；
- 多重防护给医护人员带来各种不便。

由于危机事件的特殊性，新冠病毒的传染性极强，一线工作人员可以通过防护服、护目镜和医用口罩来安全防护，却鲜有人能意识到医护人员心理上也要承受巨大的压力。高强度的压力与突然改变的环境对一线工作人员产生的心理影响难以估计。

情绪

一线工作人员持续高强度的救治工作，近距离与患者接触，失去常态和平衡的生活，使其心理压力增大，会产生以下情绪变化：

- 出现紧张焦虑、烦躁等情绪；
- 情绪极其不稳定，可能对某些政府工作人员、媒体等感到愤怒；
- 与他人交流不畅，缺乏自制力和耐心，与他人关系紧张，对他人失去信任感；
- 失去对公平、善恶的信念，愤世嫉俗；
- 感到不够安全，工作时担心自身被感染，休息的时候会担心家人被感染，担心家人是否安全，担心家人的健康；
- 对自己经历的一切感到麻木与困惑；
- 当家人出现危机时，会有无法帮助和照料家人的内疚感、无力感；
- 害怕家人为自己担惊受怕等；
- 有时可能出现过度亢奋，影响休息和睡眠。

躯体

由于持续高负荷工作、身心疲劳、休息与睡眠不足，一线工作人员容易产生躯体的不适感，肌肉紧张度增高，引起全身不同部位肌肉疼痛。他们会出现诸如晕眩、呼吸困难、胃痛等症状，往往容易疲劳、消化功能减退、体能下降、睡眠紊乱、注意力不集中、决策困难。疲劳感明显，少数人休息后也不能缓解，直接影响救援工作。

行为

面对突如其来的疫情危机事件，紧张高负荷的工作环境及过高的压力可导致一线工作人员易焦虑、烦躁，出现睡眠问题，以至于难以集中精力完成工作等。由于疫情危机事件的不断变化和持续发展，工作强度和工作量不断增加，许多医护工作人员身心疲惫，与人交往的主动性降低，食欲降低和睡眠紊乱。因过度紧张，部分医护工作人员还可能会出现警觉性增高及过度防护行为，如反复洗手、一遍遍消毒等。

认知

一线医护及相关工作人员持续处于过度紧张和疲劳状态，面对疫情危机事件的持续发展，长时间工作会使其产生职业耗竭感，面对数量逐渐增加的患者和不断出现的死亡病患，部分医务人员容易出现挫败感、无助感，并可能深深自责，感到悲伤、忧郁，甚至感到绝望与无助。认知偏差有：

- 觉得自己帮不了别人，怀疑自己的职业选择，对自己的工作产生无价值感；
- 觉得自己本可以做得更好、做得更多，而产生内疚感，怀疑自己。出现的症状是：
  - 注意力不集中；
  - 记忆力减退；
  - 反应迟钝；
  - 判断和理解能力下降；
  - 自我评价低；
  - 总是沉浸于疫情危机事件之中而不能自拔等。

精神

急性应激反应往往发生在平时正常的个体突然遇到应激事件或其环境突然发生巨大变化时，或者发生在灾害幸存者身上。表现为焦虑、抑郁或恐惧状态，常伴有定向问题、身体不适、睡眠问题等症状。

住院医师小 W 原来在心内科工作，2020 年新型冠状病毒肺炎疫情暴发以后，由于医院感染科医护人员严重不足，为了替换值班十几天的感染科医生，医院临时抽调他进入感染科隔离病房。小 W 进入隔离病房以后就开始紧张，总是担心自己被感染，有时候感到失去方向感，思维变得缓慢，注意力不能集中，产生抑郁情绪，有时还会对患者或同事发火，发火后又产生内疚感、自责，无法做治疗决定，觉得自己什么也做不了。随后他出现了睡眠问题，身体有时会不自主发抖，并伴有头痛、胃肠道不适感等。

这实际上是因为小 W 突然被换到隔离病房而产生的急性应激反应。

面对危机事件，一线工作人员的心理应对

危急时刻，无论是天灾还是人祸，由于危机事件的不确定性，人们都会感到不知所措。面对重大危机事件，请记住：能拯救自己的不是别人，而是自己，只有自己才最了解自己，也只有自己才适合做自己的心理安全员。即便是无法立刻解决眼前的危机，也依旧可以通过自我调适安然度过危险。

能够进行自我心理调适，加强情绪压力管理，预防心理创伤和应激障碍，对于一线工作人员，尤其是医护人员，尤为重要。危机事件发生期间，绝大部分一线工作人员都处在极度超载的状态中，为了拯救伤者或病人，忘我工作，无暇顾及自己。所以，自我救

赎，做自己的心理安全员，提高自己的身心健康水平，才是最好的选择。

嵌入式减压

在面对危机事件时，出现消极情绪是正常的。允许自己出现消极情绪，并及时察觉与调整。面对一件事情，我们可能会产生积极情绪，也可能会产生消极情绪。我们要学会自我调适，在遇到危机事件时，要调动积极情绪。

根据一线工作人员（如医护人员）的特殊性，可以采取嵌入式减压的方式来提高自己的身心健康水平。

想象式呼吸

深呼吸对我们的情绪缓解有很大的帮助。介绍一个小技巧：吸气的时候想象在闻一朵花，闭上眼睛，慢慢地闻，仿佛把花的香味慢慢地吸入自己的腹部；吐气的时候，像慢慢地吹一根蜡烛。

放慢你的呼吸，不管你有多焦虑，不管你有多恐惧。当你能把呼吸放慢下来，把重心从头部转移到腹部，即中医所说的气沉丹田时，就会立刻平静下来。

节律运动

你可以通过闭目养神、肌肉放松及深呼吸等方式来放松身体，舒缓心情，也可以结合经络操进行简单的穴位按摩或拍打。你还可以用音乐来缓解认知中枢的紧张。具体可用以下三种方法：

1. 戴耳机听音乐；
2. 用手在自己的大腿上拍打出来一些节奏；
3. 用自己的牙齿来叩齿，你可以打出一个非常简单的节奏，比如咚嗒嗒咚哒。

人的大脑具有兴奋和抑制的功能。通常，我们大脑的某个区域在兴奋的时候，其他区域就会相对抑制。任何一种类似这样的音乐活动，只要坚持 10 分钟，我们大脑负责计算和认知的中枢就会相对处于一种暂时性的抑制状态。这么做的益处是把这些平时大脑过度消耗的区域强制性地进入休息状态，就像一台不停运转的机器，我们把它关闭一会儿，让它休息一下。如果你工作一个小时后，听音乐或做运动休息 15 分钟，就能起到这样的效果。

白日造梦

认知中枢的休息还是要依靠大脑的兴奋和抑制的功能。在紧张的工作间隙，一定要做一些不消耗我们大脑认知中枢的音乐或者体育活动。做一个自我陶醉的白日梦也是一种简便易行的方法。冥想或是随意地想象一幅画面，可以是自己到过的很美丽的地方，也可以想象自己或亲人年轻时美丽的样子。这时，你的大脑想象功能区域就会被打开，而大脑其他的功能区域则会暂时安静下来，受到抑制。想象非常美好的画面，还可以起到欺骗大脑情感中枢的作用，从而把你的注意力成功地从当下不愿面对的事情上吸引到其他美好的事情上，并有效地缓解焦虑。也可以打个盹，哪怕只有五分钟，这对大脑消耗之后的恢复效果也是非常好的。此外，打哈欠是人的神经系统自发性的调整方式。曾有心理学家研究发现，有些精神病患者很少打哈欠，原因在于他们好像缺少一种对自我调节的机制，可能是由于情感功能部分受损导致的。

因此，医护人员也要抽出休息时间给自己做一次身体保健，只有做好自己的心理安全员，维护好自己的身心健康，才能正面影响前来就诊的患者。特别是在危急时刻，只有保持足够的体力和精力，才能更好救治更多的病人。

神仙如厕

医护人员在一线工作期间如厕的时候，也是很好的减压时刻，因为人在如厕时整个身心会完全放松一会儿。这时候，你坐在马桶上，可以开始调节自己的括约肌，感受自己的括约肌完全放松。括约肌完全放松的时候，你整个人坐在马桶上就会产生像整个人瘫了一样的那种感觉，你让自己瘫一会儿，身体的每块肌肉都开始尝试放松下来，从头顶、颈椎、胸部的肌肉到腹肌，然后括约肌，到大腿，再到小腿，从上到下体验彻底的放松。所以上厕所的 10 分钟左右时间，就是非常好的让整个身心瘫下来的放松时刻。

悦纳自己

一线工作人员不是万能的，他们也需要时间调节心理。以一线医护人员为例，他们常常去帮助患者，总是去安慰患者，尽全力去救治患者。面对患者出现的不理解、不配合治疗，甚至出言不逊，医护人员要充分理解患者，不要将患者的不满看作对自己的不满，不要以此来责备自己，增加自身的心理压力。要告诉自己，患者的等待是必须的，你是自己的心理安全员，你更是希望做患者的心理安全员，但是你没有办法一次性地照顾到所有的患者。要肯定自己所做的每一个医疗活动、每一次的医疗救援、每一个医疗处置都是有价值的。切记，危机事件的蔓延、患者的增多不是你的错！

亲友支持

研究认为，每个人都特别需要社会支持，特别是亲人之间的陪伴和感情支持。良好的社会支持有利于身心健康，而不良社会关系的存在则损害身心健康。巩固和完善自身的社会支持系统，对于身处危机事件中的人来说尤为重要。我们可以每天在约定的时间，通过视频或电话与家人、亲友保持联系。

稳定的联结时间会让彼此心安，获得安全感和信任感，还可以从家人和亲友的支持中获得温暖与力量。彼此互相温暖支持，在危机中，人人都历经磨炼，成为自己的心理安全员。获得心理支持和社会支持，是修复心理创伤的重要保护性因素。

倾诉分享

当你感觉到无法承受压力时，不要一个人扛着，请及时向你的领导或同伴诉说。每天适时地将你的感觉和经验与同事讨论和分享，保持积极乐观的情绪，与同事之间相互支持—交谈—倾吐心声，调节情绪。与同伴相互鼓励、打气，相互肯定，不相互指责。工作之余，要记得爱护自己，保护好自己的身体。

在这段日夜坚守在工作岗位上的非常时期，你也可以用手机录下自己要说的话发到网上。在你的身后，在你的朋友圈里，你有一个庞大的后方支持力量，他们不仅愿意听你倾诉，愿意与你共享快乐，还愿意和你共同分担你的痛苦与忧愁。患难见真情，记住，他们一直和你在一起，只要你一发出声音，他们就会分分钟和你同频共振，强有力地支持你！

心理安全员

心理安全员的工作和任务就是以自己为中心，帮助周围的人，让自己成为周围人的一种心理依靠，并向周围人宣传积极的思想，传播乐观的情绪。

在你的周围找一位让你觉得心理状况最好的同事，赋予他心理安全员的职责。你应尽量多地与其倾诉情感、分享经验、一起做事、聊天，等等。

你也可以以自己为中心，成为他人的心理安全员，来帮助周围的人。

允许自己表达消极情绪

允许自己有一些消极情绪，这些情绪是适应环境的自然表现。例如，像个孩子一样，找个没人的角落大哭一场。哭，的确是释放不良情绪的最好方法，是心理保健最有效的措施。人在情绪激动时流出的泪会产生高浓度的蛋白质，它可以减轻乃至消除人的压抑情绪。适当地哭是一种自我心理保护的措施。哭可以为你释放紧张、内心的抑郁与烦恼，还可以促进生理上的新陈代谢。美国生物学博士费雷认为，人在悲伤时不哭是有害人体健康的。人在流泪时可以把体内因紧张而产生的化学物质排出体外，有利于缓解忧愁和悲伤。

所以我们要允许自己在悲伤、难过时哭泣，然后考虑如何更好地想办法将你遇到的情况、接下来你要做的工作及工作中遇到的困难向他人倾诉出来。

遇到亲人去世，允许自己表露出悲伤、内疚、自责、焦虑等情绪，这些都是自然的哀伤反应，也是自我疗愈的自然过程。每个人的哀伤节奏是不同的，给予自己足够的时间来消化哀伤反应。在危机事件结束以后，可以与家人一起举行悼念活动，追忆逝者。

专业求助

如果你出现无法入睡、食欲下降、心悸、出汗、四肢发抖、坐立不安、情绪低落、焦虑、心慌等症状，持续两周以上不能得到缓解，或出现情绪失控、行为失当的状况，请及时找专业的精神科心理医生进行诊治，也可通过网络开展一对一的心理干预和团体心理辅导。

第6章
孕期心理干预与防护

2020年的新型冠状病毒肺炎的出现和蔓延，预防科普的大量宣传占据了各大媒体的显要位置。对孕妇和产妇而言，预防疾病的发生不仅仅涉及自身的健康，还关系到胎儿和宝宝的健康。由于孕妇的心态会影响到体内激素的分泌，进而影响到腹中的宝宝，因此，孕妇学会一些自我心理调适的技能十分必要。

> 安安跟丈夫历经四年多的时间，终于怀上了宝宝，如今胎儿六个多月。这四年多来，为了怀孕，安安可是吃尽了苦头：看过西医，做过输卵管疏通手术，又进行了一年多的中医调理，也用了很多的民间偏方。中间有过一次怀孕，可是胎儿一个多月的时候发育停滞流产了。这次能怀上孩子，安安夫妇备感珍惜，全家人都很小心呵护安安。
>
> 可是新型冠状病毒肺炎危机事件来了，安安每天都在关注疫情进展的消息，越来越紧张，看到新闻报道最小的感染者是出生才十几个小时的宝宝，而且专家认为新冠病毒“可能存在

母婴传播”的风险，也就是母亲可以将病毒传给子宫内的胎儿。新闻还报道，新生儿还可能通过医护人员的处理、母亲的咳嗽、母乳喂养，甚至在分娩过程中也有可能被感染。看到这些，安安越发紧张了。由于过度紧张，安安已经连续失眠好几个晚上了，甚至又想起之前流产的那次经历，深感焦虑和抑郁，甚至有点怀疑自己是不是得了抑郁症。想到这一切，安安越发不安了。

我们不难发现，像安安一样的孕妇群体对于突如其来的新型冠状病毒肺炎危机事件所呈现出的过度紧张、担心，从而导致情绪低落，甚至出现失眠、抑郁等状态，需要我们给予这部分特殊群体更多的关注与关心。此外，孕妇自身也要学会做自己的心理安全员。

孕妇的心理特征

生理反应引发的心理不适感

很多孕妇在怀孕之后，会出现生理和心理上的反应。部分孕妇会出现恶心、呕吐等孕期正常反应。伴随身体机能的变化，部分孕妇会产生心理上的烦躁、紧张等不适感。

情绪敏感不稳定

一般来讲，孕期中的女性都会出现情绪波动，一方面是来自生理激素的影响，另一方面是来自其自身的心理素质影响。人的心理素质在平常会呈现出稳定的状态，但是在危机事件或者突发事件来临的时候，人的紧张、恐惧等潜在因子就有可能被激活。当这些负面的心理因子被激活的时候，就会出现类似于失眠等躯体反应，反过来又会影响到其生理状态。

家庭成员过度呵护

家庭成员对孕妇都会小心呵护、用心照顾，尤其是像安安这样不易怀孕的孕妇。如果家庭成员在疫情危机事件中显得过度重视，反而会引起孕妇的过度焦虑。

孕妇常见的心理问题

情绪方面

紧张、焦虑

紧张是孕妇普遍会有的情绪反应，当然危机事件更会加重孕妇的紧张焦虑感。

一是对自身健康的担忧。毕竟伴随着怀孕的进程，她们的身体机能发生了一些变化，身体的免疫系统变弱，抵抗力也变差了，是流感等的易感人群。所以，类似“会不会被病毒感染”“这是多么可怕的病毒”“感染后会怎样”等一系列疑问会让孕妇越发感到不安。

二是孕妇担心肚子里的宝宝。有新闻报道说，宝宝一出生就被确诊，类似这样的新闻事件引起了很多孕妇的关注。每个生命都来自母亲的十月怀胎，在这怀孕的特殊时期，妈妈与肚子里的宝宝产生的相依相偎的情感是他人无法体会的。所以妈妈对于宝宝的担忧，在他人看来是不必要的，但却是压在妈妈心头的重担。越是不可控的莫名担心，越会造成其情绪焦虑。

三是对于正常生活的失控感。疫情危机事件期间，我们大都被隔离在家中，普通人可以做到足不出户，但孕妇要定期去做孕检。定期孕检就像孕妇的定心丸，经由孕检，有医生告知宝宝的发育状态是否良好，然而，在特殊时期，去医院孕检的风险很大，有些医院甚至建议孕妇没有特殊情况延缓孕检。这对于孕妇来说，失去了一个衡量的指标，由此而产生的紧张焦虑不利于胎儿的健康发育。

恐惧

过度持续的紧张焦虑会诱发人的恐惧心理。当人产生恐惧心理时，本能的反应是抗拒和回避。孕妇尤其是怀第一胎的妈妈，对于怀孕生子本身就有以下的担忧和恐惧：

- 担心孕期宝宝的发育；
- 对于分娩的未知恐惧；
- 对于自身角色转变的担忧；
- 对突发危机事件的恐惧。

人的心理是这样的，越恐惧某个事情，就越会努力回避不去想，但是往往越回避就越想去探究，就越发会陷入恐惧的状态中。

抑郁

抑郁是怎么来的？部分孕妇或产后的妈妈会被抑郁困扰，一方面是受到生理激素变化的影响，另一方面是由于激发了抑郁的因子。有些人本就有抑郁特质，有些人的抑郁则是由外在刺激引起的。突发的危机事件对于情绪稳定性弱的人而言，是一个很大的外在的刺激源。

抑郁的人往往会不断给自己输入负面、消极的内心独白。如此反复的自我暗示会让一个人的思维变得越来越狭隘，导致灾难化思考，从而产生更多自我消极负面的认知和评价，逐渐陷入抑郁中。

上述案例中的安安，既有来自新型冠状病毒肺炎危机事件的外在刺激，又有之前怀孕流产事件留下的阴影，当这两件事在同一时间点交叉碰撞时，就让安安陷入了抑郁情绪的困扰中。

认知方面

如今是互联网时代，正如微信宣言，当你登录微信的那一刻，世界和你在一起。我们每个人都可以通过智能手机、电脑去了解、认识突发危机事件。

互联网就是一张巨大的网，我们每个人都是网上的一个节点，牵一发而动全身。互联网上的每一个消息都会影响到我们目前的生活，孕妇也不例外，甚至比普通人会有更多的关注。

过度关注会让人的大脑出现认知超载，在持续关注大量负面消息时，人的情绪也会被带入负面的影响中，不能保持理性的认知。

很多人就会出现“太可怕了”“一切都完了”等诸如此类的灾难化思维，而这样的思维会让人陷入非常恐惧的状态中。

安安就会不断地关注有关孕妇的消息，甚至去搜索一些微博、公众号的文章。殊不知，在这样的情形下，很多信息源的真假也是有待辨识的。

面对危机事件的持续发展，孕妇长时间宅在家里面，打乱了规律生活，如果不注意调节就会导致身心俱疲，容易出现无助感、无力感，从内心上不能接受也不能享受待在家的当下生活，从而出现注意力不集中、记忆力减退、反应迟钝、判断和理解能力下降，思维总是沉浸于危机事件之中而不能自拔等。

行为方面

由于危机事件的不断变化和持续发展，如果孕妇对危机事件过度关注，每天就会出现下列表现：

- 拿着手机不停地刷屏，从微信到微博到头条等，甚至是手机不离手；
- 因为身心疲惫，不太愿意说话；
- 做事情主动性降低，过分懒散；
- 过分警觉；
- 抢购生活用品等；
- 过度防护。

孕妇如何做好自己的心理安全员

阻断情绪喂养

当我们去看新闻或消息时，认知中枢让我们获得了对事件的知晓，情感中枢让我们产生了情绪反应，而情绪反应很多时候是我们感知不到的。

危机事件发生期间，当我们浏览新闻时，要学会察觉自己的情绪，如果感到恐惧害怕，就要及时阻断，不再看同一类的信息。因为每个人的心理耐受力是不一样的，孕妇尤其如此。所以，避免恐惧首先就得学会主动阻断情绪喂养。

植入积极想象

如果孕妇被恐惧困扰，就让大脑暂时远离当下，去思考一些其他的事情，这能够部分地抑制我们与恐惧情绪有关的大脑兴奋性，从而打开其他的想象空间。当情绪稳定的时候，我们不仅可以想象美好的画面，例如手机中的一张照片，或者我们向往的某个地方，用美好的想象胶片去填补空白胶片，还可以想象等宝宝健健康康出生后，自己可以做的事情有哪些。

畅通倾诉通道

孕妇需要有一个或者多个可以积极倾诉的对象，以缓解各种消极情绪。

研究发现，女性最喜欢的减压方式就是倾诉。当孕妇心境不良的时候，不妨和几个闺蜜聊聊天，倾诉一下，都会感觉好很多。

音乐修改记忆

孕妇可以聆听轻快愉悦的背景音乐，想象眼前有个巨大的屏幕，随着音乐的播放，屏幕上会出现打钩和打叉的符号。想象自己的手可以去点击这些符号；当打钩的符号被点开的时候，呈现出用自己所喜欢的颜色装点的快乐、积极的记忆；点开打叉的符号，出现的是用自己不喜欢的颜色装点的负面记忆。

继续聆听音乐，想象自己看着屏幕上出现了很多相应的符号，选择快乐记忆去点开它。只选择快乐记忆，而不去触碰那些周围闪烁的打叉的消极记忆。当听完一首曲子之后，收获的都是积极健康的记忆。

每天可以选择固定的时间或者是情绪低落的时候反复、持续地做这个训练，通过反复强化的练习之后，孕妇可以扭转内心自动化、负性思考的习惯，消除自动化消极情绪的提取习惯，从而扭转抑郁的情绪。

对于孕妇来说，克服抑郁情绪就能阻断抑郁情绪带来的不良的身心反应，给自己传递积极的、良好情绪所带来的内分泌系统的激素，给腹中的宝宝创造一个安全稳定健康的子宫内环境。

更多地提取快乐记忆，会让我们的身体更加健康，为身体带来更多积极反应。当身体状况得以好转，我们就会收获更多如心所愿的、轻松健康的居家时光。

运用音乐身心放松法

音乐场景选择

在家中选择一个让自己内心感到比较安全的地方，确保留给自己不被打扰的独处时间和空间。选出几首自己喜欢的、可以让自己的情绪得到安抚、内心感到稳定的音乐。

稳定情绪

先听一首可以让我们情绪稳定的音乐。情绪稳定的音乐是指音乐的节奏和我们的呼吸频率保持一致。我们可以把手放在我们的心窝处，同时感受音乐的节奏也是停留在这里，让我们的呼吸频率匹配上音乐的节奏，这样在一呼一吸间，我们会发现自己的内心很快就可以平静下来了。反复听这首音乐，经多次训练，我们的内心就能找到一种安稳安心的感觉，并且记住这种美好的感觉。以后在我们的生活当中，如果遇到让自己感觉紧张的状况，就可以把手放在心窝处来重启这种安全感。

重建安全感

等到我们内心感觉到完全安全的时候，再进行下列操作。首先根据自己的喜好，选择一首比较缓和的、有大自然元素的背景音乐，比如潺潺的流水声、海浪拍打的声音、淅淅沥沥的雨声。总之，只要是自己喜欢的就可以，这样的背景音乐可以让我们有身临其境的感觉。

接下来，找一些家里的小物件，可以是自己喜欢的小球，或者小棒、小装饰品、小挂件，再准备一个硬纸板，把它们放在硬纸板上面。然后，在自然的背景音乐之下，我们要用这些小物件随意地搭一个让自己内心觉得最安全、最放松的“心灵的后花园”。

心灵的后花园就像自己的独立城堡一样，可以有边界、花园、房屋，甚至也有自己特别想休憩的地方。

心灵后花园搭建好，拍一张照片，接下来，我们要做的事情就是躺在自己的心灵后花园旁边，然后开始做一个白日梦。

运用旋律线技术

运用旋律线技术是指利用音乐和情绪的关系，通过音乐行为及音乐意象诱导我们进入音乐情景中，再通过适当的音乐行为，感受音乐的情绪，转移注意力。

具体操作流程如下。

1. 放一段小步舞曲，仔细听一听，在这一小段音乐里，你感受到了什么样的情绪？有松弛的、有欢快的、有紧张的、有抑郁的，并通过绘画去体验它们。
2. 你要很投入地绘画，集中注意力把听到的旋律线的起伏用笔画在纸上。你也可以闭上眼睛，让自己完全专注在音乐的旋律上。

运用稳定性技术

运用稳定性技术是指通过音乐稳定的节奏和可预期的发展帮助

我们建立稳定安全的感觉，在潜意识和意识层面共同固化安全感或情绪。我们最恐惧的是不可预知的未来，音乐稳定的节奏和可预期的发展能帮助我们建立稳定、安全的感觉。

在荀子的《乐论》中，多次提到音乐对人的性情的作用。例如，“夫声乐之入人也深，其化人也速”直接点明音乐在人的情绪调节中的作用。音乐教育家怀海特也说过：“音乐是特别适合符号转移情感的。”可见，音乐本身就是一种情绪、情感的语言。人在情绪上的律动可以比作中医里的脉象，用中医的话讲，不稳定的情绪就是浮脉，“举之有余，按之不足”。

如果把音乐旋律和中医的脉搏做一个对应的话，脉宽对应着音乐的核心体系；脉力对应着音乐的强弱拍；脉搏的流利程度对应着音乐旋律的流畅性。所以，当我们情绪不稳定时，可以选用一些旋律往下走的音乐，来让自己的情绪稳定下来。

具体操作流程如下。

1. 播放一段舒缓的、旋律往下走的音乐。
2. 找一个地方安静地坐着或者躺着，静静地聆听音乐，深深地呼吸，感受着音乐所带来的安全与稳定，让音乐来当我们心理安全员。

下篇

专业心理安全员的培养

人类在抵抗自然灾害和危机事件中，逐渐意识到危机过后出现的心理问题带来的伤害是巨大的。据专业统计，重大灾难中的一个死难者会带来近 100 个人的情绪波动。以下事件中都有心理危机干预（不限于此）：

- 2002 年大连空难事故之后，政府邀请精神卫生学专家，对遇难者家属开展心理干预；
- 2003 年非典期间，心理干预专家进驻小汤山医院，北京市精神卫生保健所等部门牵头开通“非典”心理咨询热线；
- 2004 年云娜台风袭击浙江后，浙江省派出 10 名心理专家进行灾后“心理干预”；
- 2004 年印尼海啸灾后，中国国际医疗队参加救援行动，对当地难民开展心理健康的调查和帮助；
- 2006 年台风桑美夺走 400 多人的生命，浙江省派出心理危机干预队伍；
- 2008 年汶川大地震重大灾难后，我国第一次出现大规模的心理援助队伍迅速进入灾区，开展心理干预工作；
- 2020 年新型冠状病毒肆虐，互联网平台线上危机干预工作稳步展开。

从上述灾后救援中不难发现，心理危机干预已成为灾后救援不可或缺的重要组成部分，发挥着日益重要的作用。但在心理危机干预的过程中，也逐渐暴露出了我国专业危机干预人员严重匮乏、持续心理救援难以保障和心理危机干预机制有待完善等诸多问题。

危机干预咨询不同于普通心理咨询，而线上危机干预咨询更是一件富有挑战性的工作。如何将普通心理咨询师培养成具有互联网背景的、专业的心理危机干预工作者？专业心理安全员旨在通过危机干预工作，让求助者成为自己的心理安全员，并影响身边的人群，起到星星之火可以燎原的作用。

对于公共危机事件，心理危机干预是一项长期性、系统性、专业性、广泛性的工作，不仅需要有健全的危机干预应急心理服务体系，还需要有稳定的、具有心理危机干预能力的心理学工作者团队。

在普通大众中，有很多心理学爱好者，以及心理健康的积极乐观的人群，他们虽然没有从事过心理学的专业工作，但他们的积极情感会影响、带动身边的人群。他们通过阅读此书，了解最实用的危机干预理论知识，掌握危机干预的结构式咨询实操话术，能够开展有效的危机干预结构式咨询，从而快速成长为国家需要的应对公共危机事件的专业心理安全员，用专业的心理咨询流程和框架，为身边的人群做好危机干预的心理疏导工作，进而健全国家和全社会心理危机干预的保障体系。

第 7 章
危机干预理论与实操训练

危机干预心理工作者工作理论

不少到访过日本的国人都有一种体验，即日本的微笑服务做得非常好。微笑服务实则“情绪劳动”。情绪劳动是指，工作者在工作时展现某种特定情绪以达到其所在职位工作目标的劳动形式。例如，从事服务行业的员工（如餐厅服务员、空姐等）必须表现出礼貌和耐心，即使被惹怒了，也要以微笑来迎合顾客。

情绪劳动者人前人后反差很大。以教师为例，如果一名教师白天在学校上了一天的课，回到家之后就不想说话了。为什么？因为他们付出了大量的情绪劳动，这消耗了他们的认知资源。当他们摘下职业面具之后，就会感到自己的情绪和情感的资源消耗较多。

危机干预心理工作者从事的是情绪劳动

心理工作者从事的工作性质就是情绪劳动，他们需要付出更多的情绪努力，从事危机干预心理咨询的心理工作者尤其如此。

无论是经典精神分析流派，还是其他现代精神分析流派，都会要求从事心理咨询工作的人能够做到情绪共情、症状共情；自体心理学甚至要求心理工作者对求助者的神入。比如说沙盘游戏治疗，需要心理工作者在整个沙盘游戏的过程中，给求助者提供更好的空间，这种空间是一种自由和保护的空间，这就需要心理工作者和求助者达到一种更好的共情状态。这种共情状态，不仅仅是一种语言的共情——因为沙盘游戏更多的是借助非语言的一种治疗方法，甚至会达到一种症状的共情。这些流派的心理咨询其实对心理工作者的情绪劳动的要求和付出是很多的，一般来说，心理工作者的工作都比普通人付出的情绪劳动要多。

在危机干预情况下，比如说2008年我国的汶川大地震，前往灾区的心理工作者就处于一种应激状态，他们也会消耗大量的心理资源。在疫情暴发等重大危机事件期间，心理工作者同样要做很多心理咨询的工作，这些工作同样会消耗其心理资源。

危机干预心理工作是把双刃剑

很好地进行情绪自我管理是心理工作者成功开展心理咨询非常重要的一个方面。如果心理工作者不能很好地管理自己的情绪，那么他们在职业生涯和职业发展中就会遇到一些障碍。

传统的精神分析流派心理工作者，需要隐藏或者放弃一部分情绪、情感；深度疗愈心理工作者不仅需要表层隐藏，还要深层次扮演求助者所需要的某种角色。

在诸如疫情等重大危机事件发生时，心理工作者首先会感觉到自己有一种存在感，以及能够通过这次危机事件为大众服务，找到自己生活的一种意义。所以从这个角度来说，虽然危机事件对很多人来说可能是一种压力，但是对于心理工作者来说，它还意味着这项任务具有多样性，以及工作的一种自主性。这些情感事件给人带来的心理状态好比一把双刃剑——兴奋、不安、焦虑，同时又会获得情绪、情感的一种满足和滋养。

正面影响

很多心理工作者在进入心理学这个行业的时候，他们除了要解决自身的生计问题，还要解决如何能够被大众认可的问题。所以，心理工作者往往有一种来自存在感方面的焦虑：我是一名心理工作者，我如何让大众看到我的存在，甚至我的存在能否让我的家庭看到，获得家庭成员的认可与尊重。

有不少心理工作者是兼职的，对他们来说，心理干预工作既令人兴奋，又充满神秘和新鲜感，所以他们迫切地需要一种存在的体验。通过危机干预期间的心理工作，很多心理工作者可能会实现自己的人生目标，获得大众对自己的支持与认可等。

负面影响

在进行心理咨询时，心理工作者会积极地投入情感。但是随着时间的流逝，他们的这种积极状态大都会慢慢地被磨灭掉一部分，有些人的积极情感甚至会被消磨殆尽。消失殆尽之后，随之而来的则是另外一种情绪状态，我们称之为职业倦怠或职业枯竭。

心理工作者若是情绪不稳定，就会伪装自己。伪装自己是因为在做心理咨询时，他们不得不戴上职业的、心理工作者的面具。

心理工作者的职业面具与不同的心理流派有关：人本主义的面具要求心理工作者和求助者之间保持一种非常友好的朋友式的关系；行为主义的面具是教练和运动员之间的工作关系，对求助者进行一种心理技能的训练；精神分析的面具意味着求助者可能会进行投射或者移情。疫情危机事件期间的心理工作消耗更多的情绪劳动，规范了心理工作者与求助者的咨询过程中要表现出某一流派所需的某种情绪。

如果心理工作者自身情绪不良，比如家庭遇到一些问题、职业发展遇到麻烦、人际关系遇到冲突，在这种情况下，就会导致心理工作者要在职业工作中表现出的职业面具与他真实的情绪之间不一致，这种不一致被称为情绪失调。

情绪失调对心理工作者的影响很严重，长期在情绪失调的状态下进行心理咨询工作，就会促使心理工作者压抑自己的沮丧、抑郁、愤怒等各种焦虑情绪。长期的情绪压抑则使心理工作者无法表达压抑的情绪，最终导致其情绪衰竭和情绪倦怠，而情绪倦怠会导致心理工作者的职业倦怠。

职业倦怠也会影响到咨询效果。研究发现，很多心理工作者在刚入行的时候，心理咨询的治愈率非常高，而有些工作了五六年以上的心理工作者，其咨询工作的效率与技术的发挥反而不如新人。不是因为新手的技术好，而是因为从事多年心理咨询工作后，他们身上的那种消极情感状态让求助者感受到了。

反观新人，因为有积极情感状态作为支撑，反而不太容易被求助者的消极情绪所影响。求助者感受到积极情感状态之后自然就会被影响到，从而导致自己产生一些改变，这就是很多新入行的心理工作者反而表现得非常好的原因所在。

危机干预心理工作者的自我保护

我们经常说，心理工作者接收的是别人吐出来的心理垃圾。所以，当心理工作者服务的对象有很多消极情感时，如何应对这种消极情感就变得非常重要。重大危机事件的求助者需要心理工作者是一个稳定的、安全的、存在的投射对象，如果心理工作者不能承担这一切，那么求助者就会感到失望，就不能从心理咨询中获得有益的帮助。

所以，心理工作者要学会保持积极情感，学会随时随地地进行嵌入式减压，学习专业的危机干预技能；同时，还应遵守职业伦理道德，减少不必要的风险。

嵌入式减压

进行危机干预的心理工作者，需要付出更多的情感，因此就需要更好地利用一些间歇时间做好自我心理调节，恢复自己的部分真实情感，保持良好的情绪。在咨询过程中，消耗的不仅是心理工作者的情感资源，还有其认知资源。大脑的基本工作机制就是兴奋和抑制，其遵循一种省电的工作模式，当某些脑区兴奋时，另一些脑区通常就会自动抑制下来。所以心理工作者可以采用以下嵌入式减压方法有针对性地减压。

两次咨询中间的时间就是心理工作者的工作间歇时间，在工作间歇期，心理工作者需要恢复自己的正常情感，找到自己平时最喜欢的东西，比如吼两句秦腔、听喜欢的音乐、跳一段舞蹈，利用这十分钟左右的时间恢复正常的情绪情感，就是恢复良好的职业状态，从而能够更好地投入工作。

专业技术支撑

一个人不管从事何种职业，都要尽量使自己活到老学到老。如果一个人没有一种持续的学习状态，就意味着不能再进步了。

心理工作者要经常扪心自问："我还热爱这份工作吗？"如果你对这份工作没有持续的热情，就不可能有持续的付出。你的消极状态很快就会出来，你的积极情感也会很快消失殆尽。心理工作者必须有一种对于职业发自内心的兴奋度、好奇和喜欢。

社会在进步，心理科学的发展也是与时俱进的。过去很多心理工作者学到的是工业革命时期缓解人们焦虑所采用的心理治疗理论和技术。今天到了互联网时代，很多新的理论和技术还没有在任何大学的心理学课本上出现过，所以心理工作者一定不要封闭自己，要抱着开放的态度，跟上时代的进步，要观察不同时代的人的心理变化，同时不要被经验所束缚。

例如，2008 年我国汶川地震后，我去了灾区进行心理疏导工作；而 2020 年突发新型冠状病毒肺炎疫情后，因隔离的要求，前往一线的心理工作者非常少，很多心理咨询服务只能采用远程的方式来展开，所以我们不能简单地把 2008 年的经验用到 2020 年疫情危机事件援助中。2008 年心理工作者跟求助者进行了很多线下面对面的心理工作，心理工作者对于求助者来说是一个真实的存在。而 2020 年的心理援助工作是在一种网络虚拟的状态下进行的，心理工作者的这种在场感就被大大减弱了。对求助者而言，心理工作者是一个想象中的人物，这些都意味着过去的很多经验要更新。正因为如此，我在给很多一线服务的心理工作者进行案例督导的时候，会建议他们更多地使用远程的心理服务方式。

只有危机干预心理工作者掌握了结构化的模式，才会减少情感的付出，保证咨询的效果，并与时俱进地提升专业知识。

收集资料的意义

在进行危机干预时，心理工作者需要收集表格，这是一项自我保护的必要性措施。一旦求助者发生意外，心理工作者就可以依据这个表格所记录的情况，让管理人员了解到所收集到的是什么资料、提供的是什么样的服务。如果心理工作者没有收集过求助者的任何资料和心理档案，那么其就有可能因求助者发生意外，而引发法律纠纷。

危机干预实操训练

如前文所述，当突发重大危机事件后，心理工作者采用较多的危机干预方式是通过电话或互联网远程操作的。下面，我们将专门探讨我设计的结构式热线电话心理咨询流程。

结构化咨询的意义

从求助者的角度来看，他们无法确认心理工作者的专业性和权威性，他们看不到心理工作者的表情，甚至无法从声音中判断出心理工作者的年龄。这一切对求助者来说，心理工作者就是一个想象的存在。

所以咨询工作开展的第一步，就是要让求助者信任心理工作者。心理咨询的效果大多取决于求助者对心理工作者的信任，俗称咨访关系的建立。如何让一个远程的求助者建立起对心理工作者的信任呢？这就是结构化咨询的意义所在。

我设计的结构式心理访谈工作的特点是，把一节咨询分成若干个板块，每一板块都将涉及一部分的工作。整个咨询就像一个电话访谈一样，通过结构式的工作，一方面减轻心理工作者的负担，减少情绪劳动付出；同时，可以保证不管是初级的还是经验丰富的心理工作者，都能够发挥其最基本的、必要的专业水准。通过详细认真的结构式流程，可以让远在网络另一端的求助者，通过这些结构式的问话，感受到心理服务人员的专业性。专业性对心理工作者而言，就是信心和信任感：一方面能让心理工作者有效开展专业工作，另一方面也是对心理服务工作者的自我保护。

结构化咨询流程

结构化咨询流程要求心理工作者把一个完整的（假如说这个咨询是 50 分钟）心理咨询，分割成若干个板块。每个板块都有其需要完成的任务。按照一种结构化的工作方式，心理工作者和求助者在结构的每个板块里面展开工作。

告知咨询设置

第一板块就是要告知求助者什么是心理咨询。如果求助者不清楚心理咨询是怎么回事，咨询工作就无法开始。只有在确认求助者已经明晰心理咨询的概念后，心理工作者才能开展工作。具体的设置一方面要参考心理咨询的设置要求，另一方面要参考所从事的电话热线心理咨询平台的规定，然后再告知求助者。

基本人口学资料收集

第二板块就是，心理工作者对求助者的基本的人口统计学资料进行收集，然后把收集到的以下相关内容填写在一张表格里：

1. 求助者的名字（或者网名）；
2. 求助者的电话联系方式，有危机的情况下还得收集紧急联系人的电话；
3. 求助者的住址，紧急情况下可以由第三方收集（如果没有第一部分的告知，来访对这部分材料的收集会有顾虑）；
4. 求助者的基本情况，包括年龄、婚姻状况、性别；

5. 求助者是否有重大的生理疾病史（因为生理会影响到心理）；
6. 求助者是否有某种形式的心理疾病，以及家族三代主要成员是否有某种严重的精神疾病；
7. 求助者是否曾经接受过心理咨询服务；
8. 求助者的心理咨询目标。

表格中的这些内容会成为心理工作者从事危机干预心理咨询档案的重要组成部分。

临床访谈资料收集

基本话术："接下来，我将用 20 分钟左右的时间来了解你的一些基本情况，我问你答。这些问题会比前面记在表格里的更详细一些。"

在传统的线下面对面咨询中，一般是求助者主述，心理工作者记录。求助者说什么都可以，心理工作者跟着求助者走。危机干预的电话心理咨询，由于双方时间非常有限，心理咨询服务资源也非常有限，心理工作者需要采用焦点式的、更快地聚焦到问题上的资料收集方式。这样有利于心理工作者在有限的时间内收集到必要的资料，以及在有限的时间减少暂时无用信息的传递，以免对咨询工作造成干扰。

在完成临床必要的资料收集后，可以让求助者谈一谈个人的生活方式、受教育情况、对自己的满意程度等。这也是基本的话术。收集的意义在于对求助者的人格状况进行评估。人格包括自体表象和自我概念两个部分：自体表象是求助者在自己的心里面想象自己是什么样的人；而自我概念是求助者对自己的评价与定义，主要通过自评和他评两方面来完成。

自评基本话术："你怎么看待你的生活？""你在平时生活中都做些什么？""你怎么看待你和他人的关系？""你最喜欢谁？""你在工作或生活中与其他主要成员的关系如何？"

他评基本话术："在你心中，你觉得谁更喜欢你？""你在工作中和领导、同事的关系如何？""家庭中，你与伴侣、孩子、父母的关系如何？"

另外，还要收集求助者的社会交往情况，了解求助者的社会支持系统，并收集求助者的个人爱好。这些都是有价值的心理资源，可能会在咨询后期变成疗效不错的求助者自己生产的药片。

上述问题询问完后，心理工作者要聚焦在询问求助者早年的成长经历方面。早年成长经历不仅限于求助者的原生家庭，因为早年教养环境包括求助者家庭内和家庭外的全部内容，比如早年成长史，包括和父母的经历以及与父母以外的人的经历。

还要了解求助者的经济情况，经济因素往往是一个人心理压力很重要的源泉之一。了解求助者当下的工作经济情况，能让我们知道求助者的心理压力主要的源泉和应激源可能与哪些因素相关。

另一个必须要收集的很重要的问题是，求助者当下的安全情况，如有没有一些风险、有没有想过伤害别人和伤害自己、有没有出现一些精神病的状态等。

基本话术："你会不会有时听到一些别人听不到的声音？""你会不会因身边的人去世而感到情绪很低迷？""你看到过一些别人看不到的东西吗？""你有没有觉得任何人都会让你感到不安全？"

这些问话实际上都是对求助者的精神病性和现实感的一个检验。有了这些资料收集，心理工作者基本上就完成了临床心理资料的收集工作。这个工作大概会占用20分钟左右的时间。

来访主诉

求助者的主述由求助者主导，主述是他想要告诉心理工作者而没有在表格出现的内容。在这个主诉过程中，心理工作者就是聆听求助者谈论一些比较松散的材料。因为求助者说的话在逻辑结构上不一定是紧密的、聚焦的，主题也不会停在某一个地方，所表达的内容可能是跳跃式的。在这种情况下，心理工作者要根据求助者所说的内容来做有效的记录，记录同样是围绕着干预工作所需要的核心资料来进行的。

基本话术："刚才我收集了一些我们所需要的临床资料，你还有没有需要向我补充说明的？"

在主诉中，求助者说话的时间大概是10分钟左右，能给心理工作者提供一些额外的他关心的内容。求助者说完这部分内容之后，心理工作者要做复述和总结。一是把形散的材料进行归纳整理，二是让求助者听到自己说的内容是什么，以确认自己是否正确地理解了求助者所说的意思，同时也给求助者传递一个信息，即心理工作者正在试图认真、完整地去理解他。这些工作都可以有效地增加求助者心理上的安全感。

基本话术："刚才你说的内容我已经比较详细地记录下来了，我向你核对一下，你看一下是不是……"

并不是只有心理工作者给求助者做治疗才叫心理咨询，在前期做的必要的信息收集工作本身就是心理咨询的一部分。因为这些必要的工作就已经给求助者带来足够的安全感和专业性，专业性就代表着一种职业的可靠性，能增强求助者的心理安全和信心。

求助者解释

求助者怎么看待自己的心理问题？心理工作者先不要去给求助者一个定义、一个判断、一个解释，而是要聆听求助者怎么说、他对自己有怎样的看法、对自己的问题的定义和解释是什么。这一点很重要，也表明心理工作者更多的是要跟着求助者走。

基本话术："你怎么看待你所描述的这个问题？你认为它可能和什么有关？"

给求助者赋能

这时，求助者可能会用不太长的时间来描述他没有办法解决的问题，而心理工作者实则要用这个方法去挖掘求助者的心理潜能和心理资源，即为求助者赋能。如果求助者曾经试着自己解决过类似问题，或者曾经在这个问题上有所好转，或者他的问题从未解决过但也没那么严重，那都代表着求助者当下的问题是有办法解决的，这就是对求助者进行赋能。

基本话术："你现在所描述的这种心理状况，在过去是否曾经发生过？当时你是用什么方法解决的？还是你从未解决过该问题？还是过段时间自己就好转了？能不能给我简单说一下？"

心理教育和心理干预——如何做好自己的心理安全员

在进行危机干预时，心理工作者必须要做的特定类型的心理干预方法是基线描述，即非常简单地向求助者描述，在当前危机情况下，人们的心理会出现三种情况、这三种情况分别是怎样的、它们分别意味着从高到低的三个层次。这个基线描述在我们的框架中也被叫作对求助者进行心理教育和心理干预。

心理工作者会描述多数人处于哪种状态，并让求助者自己描述在危机情况下人们都会有哪些正常的应激情况，这叫作基线行为。这能帮助求助者意识到自己的行为处在哪种状态下。

基本话术："你觉得你现在的状态是处于基线行为的上方，还是下方，还是和大众的基线行为差不多？"

如果求助者的行为低于基线行为或与基线行为差不多，那求助者就不会太担心、焦虑，随着问题的逐步缓解，其状况也会得到改善。而对于求助者高于基线的行为，我们要进行区分。在正常的心理咨询工作中，求助者的咨询动力一方面取决于他的心理问题，另一方面取决于心理咨询的付费制度和设置。所以干预和心理技术需要得到求助者的配合。危机干预情况下，免费公益的机制，以及远程的影响，会让求助者有时候显得动力不足，导致其可能没有改变的意愿。

对于远程的危机干预的电话热线服务，干预首选的方式是在求助者生活周围去寻找一个能帮助他的资源。这个资源远比心理咨询这种远程服务更加可靠。同样是赋能，这种赋能不是赋予求助者本人，而是赋予求助者社会资源和社会支持系统。

基本话术：“看看你的周围，你觉得与基线行为相比，有谁的情况比你的好，谁的心理状况表现得比你好一点、压力少一些、焦虑少一些，或者心理素质比你好一些？”

如果求助者说，周围人比他严重，那心理工作者就需要给求助者赋能。授予求助者心理安全员的工作，不是让他真的能够帮助到他人，而是让他自己产生意义感，产生意义感之后，他的症状就会减轻。

基本话术：“在目前大众普遍存在危机心理的情况下，你的心理状态看起来比别人好。所以，今天我们将授予你一个新的任务，这个任务就是成为你周围其他人的心理安全员。”

第 8 章 首次危机干预电话咨询流程

当我们遇到突发的重大危机事件时，很多心理工作者都会参与大众危机干预的工作。随着互联网的普及以及 AI 科技的进一步发展，大部分心理工作者主要通过网络或电话进行咨询。以 2020 年我们经历的新型冠状病毒肺炎疫情为例，鉴于新冠肺炎的传染性，在这次危机干预中，心理工作者大都采取的是电话咨询的模式。

危机干预电话咨询的思路

我们人类实际上是意义动物，心理咨询的目的就是帮助求助者寻找到生活的意义。求助者在找到生活的意义后，附着在其身上的心理疾病、不良情绪都会得到缓解。特别是在遭遇重大危机事件后，通过心理工作者的危机干预，求助者能够找到自己在本次危机事件中的生活意义，之后他的不良情绪、心理上的异常症状就会随着生活重心的转移而慢慢地缓解，甚至消失。

如果心理工作者想通过一次咨询就解决求助者的某个具体问

题，那么咨询工作的方向就会产生偏差。因为，在心理工作者看来可以解决问题的一些方法，可能对于求助者来说却是无效的。心理工作者不可能代替求助者的生活，更不可能去指导求助者的人生。有时，心理工作者告知了求助者该怎么做，但随后就会发现求助者做着做着又产生了新的问题——求助者自己的心理不成长，心理工作者传授的方法再好，也会慢慢失效。

因此，危机干预的心理咨询实质上是心理工作者帮助求助者找到与危机事件有关的意义。

首次危机干预电话咨询应围绕咨询特点展开

每次开展咨询工作时，心理工作者都需要围绕当下咨询的特点展开。如果危机干预任务是通过电话访谈进行咨询，那么当下的咨询就是危机干预 + 电话访谈的咨询。

在接到热线电话咨询后，心理工作者首先要做到正式规范，即让电话咨询进入专业化的框架。咨询框架主要是指形式而非内容。

咨询的前期工作：展示咨询框架

不管求助者是孩子还是大人，都要让咨询工作在咨询的框架下进行，这有助于心理工作者后续工作的展开。正式咨询开始前，如果求助者是小朋友，可以先和孩子进行一些非咨询式的初步沟通，让孩子和心理工作者熟悉起来。即使面对年龄很小的求助者，也要有一个正规的流程。例如，确保孩子在没有人干扰的场所进行，父母可以坐在能够看到孩子、又不会太多干扰孩子的地方，尽量让场所适合目前要开展的工作。

更为关键的是，只有让求助者了解心理咨询、信任心理咨询、信任心理咨询工作者，求助者才愿意和心理工作者沟通，才愿意向心理工作者倾诉，咨询才更有效。所以，在咨询正式开始前，心理工作者要向求助者展示专业化的咨询框架。第一步先进行自我介绍，如属于哪类心理工作者、经过哪些专业学习、主要擅长哪些方面等。介绍完之后还可以问对方："对于我本人的情况，你还有什么需要了解的吗？"如果求助者问到个人隐私问题，心理工作者可以说："这些内容属于不便告知的个人隐私。"

在电话咨询中，求助者主要通过流程的正规与否来判断心理工作者的专业性。咨询流程只有符合规范性要求，求助者才会有信任感和自信心。如果心理工作者一接通求助者的电话就做分析，求助者连心理工作者是谁都没搞清楚，再加上又看不见心理工作者，也就无法形成对心理工作者的专业判断。

因此，在自我介绍完了以后，心理工作者可以交代一下自己为什么要来这里做危机干预，以及还要和求助者一起开展哪些工作等，从而自然地把对方纳入一场咨询的范畴，然后再一步一步进入正式咨询的框架。总之，心理工作者不要太急于进入咨询。如果前面的工作没完成好，后面的咨询就不会产生很好的效果。

咨询的开启形式：提供专业流程

在向求助者展示危机干预的咨询框架后，心理工作者应按照下列流程进行操作。

询问告知

在询问完对方的姓名后，心理工作者应告知："接下来我将用短短的几分钟时间，介绍电话咨询基本的设置和要求"。然后介绍什么是心理咨询、咨询的基本要求，以及让求助者必须知晓的其他内容。

收集资料

一般的心理咨询会提前让求助者填写表格，而危机干预电话咨询则要让求助者在咨询中完成这个填写表格的过程。心理工作者可以说："接下来，我将利用 5~10 分钟的时间收集一些最重要的、做咨询之前必须了解的基本资料。我来问，你来回答好吗？"

表格填写完整后，如果心理工作者对求助者所回答的一些问题仍有不清楚的地方，可以再一次询问："刚才我已经把你的基本资料记下来了，但还有一些我不太清楚的，我想再多询问几个问题。"直到前期各种必要的资料收集完整为止。

为什么要用 10 分钟的时间做这些工作呢？除了完成评估的基本需要外，还有一个重要目的，就是让求助者觉得自己接受的是一个正规的心理咨询。

危机干预电话心理咨询要有结构性

危机干预电话咨询的前期工作完成后，还要注意危机干预和传统的精神分析的动力取向是不同的。传统的精神分析的动力取向追求的一是求助者无意识呈现的自由，以及求助者无意识的呈现过程；二是求助者不应受到心理工作者干扰，求助者的思路走到哪里，心理工作者就要跟到哪里。但是，危机干预咨询则是规范的结构式访谈。

电话咨询的结构式

电话心理咨询一定要做结构式访谈，这涉及规定咨询的总时长，以及前10分钟做什么，中间10分钟做什么，后10分钟做什么，需要将每个时间段的结构理清晰，按照结构来进行咨询。如果求助者的咨询不止一次的话，那么在后续的咨询中，心理工作者可以跟着求助者的思路走。

叙述问题

当咨询进入第二阶段时，心理工作者可以说："下面，我想让你用 5~10 分钟时间，简单叙述一下当前你遇到问题的主要表现"。

澄清问题

求助者如果说了 10 分钟，心理工作者就要及时打断他，不能让他无限制地说下去："刚才你已经用了 10 分钟的时间说了些情况，我也做了记录，现在我有一些不明确的地方想和你再确认一下。"然后，把刚才记下的一些内容再次和求助者进行确认，"关于刚才谈的这些内容，你还有没有什么需要补充的，我可以再花几分钟听你说”。

结构式电话咨询的功能

结构式的电话咨询在危机干预中很重要。每一个时间段都是有结构的，因为电话咨询不像普通的心理咨询，可能会延续很多次。电话咨询最重要的功能是让求助者感到有支持，能收集到必要的资料，便于基本的评估。评估的目的就是确认求助者还需不需要后续的第二次、第三次咨询。

提供安全感

危机干预电话咨询最重要的功能是提供安全感。危机干预电话咨询是不需要使用太多心理咨询技术的。在前期，至少在第一次咨询中，体现出咨询的流程、框架和规范化的设置就够了，因为这个阶段求助者最需要安全感，即当下危机干预更核心的内容。如果求助者有心理问题，可以后续再做安排。

怎样才能使求助者产生安全感呢？在初次电话咨询时，心理工作者给出专业的咨询框架，会让求助者觉得“我遇到了正规的心理咨询”，从而对心理工作者产生信任感。

“好的，我基本上已了解了你的情况”“我觉得我基本上理解了你刚才所说的内容，但还有一些不太理解的部分，我想再跟你确认一下”。心理工作者说这些话的目的是力图听懂求助者说的所有内容，同时让求助者了解自己所说的话，心理工作者听懂了很多，并且都记录了下来。由此就会让求助者有安全感，情绪就会稳定下来，第一次的咨询效果就在于此。

心理咨询技术的最大特点类似障眼法。障眼法不能频繁使用，用多了就无效了。只要求助者从没做过心理咨询，没接触过心理咨询技术，任何心理咨询技术初次使用都会有效。

人的心理变化是一个不断动态发展的过程，当环境存在持续的刺激时，心理问题的严重程度总是不断地超越上一个阶段。如初次访谈时，心理工作者过多单纯地使用某些心理技术，如催眠、暗示等进行对症的干预时，某些受暗示性强的求助者会在短暂的症状缓解之后，很快再次产生比上一次更严重的症状。如果心理咨询师不能从认知领悟角度提升求助者，而只是将各种心理干预技术轮番给求助者使用，将会造成心理咨询技术的滥用，最终导致求助者不再能从心理咨询中获益。

提供信任和信心

在第一次心理咨询的开始阶段，如果心理工作者把求助者的问题很规范地记录下来，就能够让求助者感到此次咨询很专业，从而增加对咨询的信心。求助者打电话来，就是想知道自己是什么情况。只要心理工作者记录他的情况，并与之简单地讨论，就会令他感受到安全，这就足以支撑他了。

结构式电话咨询要点总结

首次电话访谈，心理工作者通过结构式电话咨询，向求助者展示咨询框架，提供专业流程。咨询的结构式可以让求助者感到目标清晰，再通过了解心理工作者记录了自己所说的内容以获得信心。

初步诊断评估

在危机干预的群体性应激事件的电话咨询中，当上述工作全部完成后，心理工作者给求助者一个初步的诊断评估。评估的基本思路是，描述当下群体心理的基线行为与求助者当下状态之间的距离。

描述当下群体心理的基线行为

描述群体心理基线行为的理由

在心理学领域，基线行为是指一个人基础的情绪、心理状态、习惯等。人的心理健康水准不是静态的，标准也不是静止的，在危机干预下同样如此。例如，2008 年汶川地震中的群体性事件就属于应激状态，我在参与地震灾区危机干预期间，每天早上 5 点钟醒来，用基线的心理行为看，早醒也是一种应激反应。

现在把大众应激状态作为一个基本的心理健康的标准，判断的基线就是大众的状态，超出大众基线行为标准的状态则叫作异常或变态。

如何描述当下群体心理基线行为

心理工作者先描述一下当前发生了什么。例如："新型冠状病毒肺炎疫情目前还处于发展期，加上春节期间很多工厂没有复工，导致一些必需物品不丰足。为了能够预防疫情扩散，政府采用了强有力的干预行为，包括让大家居家隔离，减少外出”，然后再说在当下大众多数都有紧张、慌乱、猜疑、自我怀疑等情况。让求助者看到，他现在所有的行为、情绪等都是和大众一致的、有联系的，实际上都是同一类型的行为。

判断求助者的情况与基线行为之间的差异

求助者的情况与基线行为之间的差异主要有以下三种。

1. 略低于大众。“你的反应略低于大众，所以你现在情况很正常，没有任何问题。”
2. 和大众基线行为一致。“你现在的情况和大众的基线行为是一致的，大家都有这样的情况，甚至我也有这样的情况，所以说不用太紧张，随着事态的向好发展，你的情况也会有所缓解。”
3. 略高于大众。“你的情况比基线行为略高一些。大众也会焦虑，但你比大众焦虑程度可能高一些；大众也会恐慌，但你比大众恐慌可能多一些；大众也会有各种各样的烦躁不安，但你似乎比大众要多一些。”

由求助者解释原因及其意义

心理工作者现在做的心理咨询，并非在给求助者做人生的指导。所以，心理工作者不能为求助者解释其行为的原因和意义，只有求助者自己才能解释为什么比大众基线行为严重。

为什么不能帮求助者做解释

第一，因为心理工作者不知道求助者行为的原因。

第二，让求助者主动找出原因，实际上是心理工作者给求助者赋能，让求助者提升自己解决问题的能力。

第三，通过求助者自己主动地找原因，心理工作者可以了解更多的资料，从而帮助求助者迅速地拓展和判断，有助于求助者自行分析。

引导求助者自行做解释的步骤

引导求助者自行做解释

首先，让求助者分析他与大众产生差异的原因是什么。“我想听听，你怎么看待，你怎么解释？你与大众的这种行为虽然是一致的，但似乎你比他们强度稍微高了一些。你觉得是什么原因呢，我记录下来”。

如果求助者第一次拒绝，说“我也不知道是什么原因”，心理工作者一定要鼓励求助者自己分析原因，找到解决方法。心理工作者可以说：“没关系，你尝试着去找原因，然后说给我听一听，先记录一下。”

就原因进行专业分类和评估

当求助者开始描述原因时，心理工作者就可以跟着他的思路走，不要随意打断他，只要时间充裕就允许他多说一些感受。他找的原因，可能来自先天人格不够完善、心理素质不够好、曾经发生过类似的应激事件等。接下来，心理工作者可以对求助者所讲的内容进行专业的分类和评估。

重复求助者的话并做总结

心理工作者要注意时间的掌控，只要控制在五分钟之内，这个时间内允许求助者尽量多说。假如说了五分钟时间，就可以打断他了："好，刚才我听你讲这些原因……"，用人本主义的技术对求助者说的话做总结。这看似心理工作者在找原因，实际上是求助者自己找出原因后，心理工作者对其所说的话进行人本主义式的复述和总结。心理工作者不要做任何自己的判断、分析和解释，只重复求助者说的话就好。

引导求助者挖掘自己的能力

总结之后一般还剩大概两三分钟的时间，这时心理工作者可以再次让求助者去挖掘一下自己的潜能，寻找自己能够想到的应对策略，去发现自己能解决相关问题的方法，如可以说："对于这些原因，你觉得当下你能做些什么？"而不是直接教给求助者怎么办。如果心理工作者告诉求助者如何办，第一次可能会有效，但很快效果就会衰退，甚至消失，影响咨询效果。

引导求助者找寻例外经验

如果求助者找不出方法，心理工作者还可以引导求助者寻找例外经验，即找到自己曾经战胜过类似问题的有效手段，这是一个后现代主义的咨询技术。

运用暗示为求助者赋能

在找到例外经验后，心理工作者可以说：“好，你当时曾遇到过类似的问题，当时你用了这些方法使情况有所好转。所以我认为，这些方法对你应对当下困境应该是有效的。记住，你曾用过的有效方法对你是最有价值的！”或者“对你的建议就是，你把过去曾用过的方法先记录下来，一个个开始去尝试”。实际上，这种说法是暗示性语言，接下来，心理工作者可以告诉求助者，一段时间后如果有所好转，就不用管它了。并且告知他，经过多方努力后，这个事件慢慢地解决，他的症状也会越来越轻的。

赋能后结束电话咨询

最后，如果求助者还有需求，心理工作者可以告知他再次拨打热线的时间，以及还可以寻求什么样的改变。

上述是相对比较完整的危机干预电话咨询，心理工作者并没有去触碰求助者早年教养环境中产生的问题，也没有试图去帮助求助者进行人格成长；只是收集资料，向求助者展现正规的咨询框架，给予求助者专业的支持，从而促使求助者产生稳定的心理安全感；然后协助求助者自己找到原因、找到解决问题的方法；最后，心理工作者给求助者留下了可以继续寻求咨询帮助的温馨提示。

用结构式的电话咨询，无论求助者问题多严重，都可以在咨询中减轻症状。

到此，这个电话咨询就非常完美地结束了，如果求助者需要继续做电话咨询，到第二次的时候，心理工作者仍可跟着求助者的思路走，收集更多的资料。

危机干预电话咨询的注意事项

不要去碰求助者早年的教养环境

近些年，大众对“原生家庭”这个词汇越来越熟悉，但是这里面存在着很大的科普错误。其实，与“原生家庭”相近的“早年教养环境”一词，才是真正心理学领域的专业词汇。早年教养环境不仅包括孩子成长过程中与父母的关系，也就是大众所说的“原生家庭”，还包括孩子与父母以外的成长环境中诸如与周围的邻居、与学校的同学、与老师所接触及所经历的各种事情。

行为遗传学十大可重复实验科学研究表明，家庭环境的作用要远远小于基因的作用。而遗传因素并不是简单的你父母有什么心理特征，你就会有。遗传是一个隐形基因与显性基因互相排列组合的问题。有的时候你的父母在显性基因作用下并没有的心理问题，你却可能有。所以，单单用所谓的原生家庭是不能说明一个人一生所受到的重要影响因素的。

在儿童期，在同一家庭中，兄弟姐妹之间的相同习性可以用 50% 的相同基因解释，而剩下的不同部分并不是源自他们在家庭中所获得的不同教养，而是来自兄弟姐妹之间所属的不同的社会群体。这些就不是所谓的原生家庭能决定的了。也就是说，同伴、玩伴和其他孩子认同的群体，才是除了基因影响之外对心理发展影响最大的部分。

而进入青春期之后，对一个人影响最大的是遗传因素，大约占60%，剩下的影响因素则由一个人的同伴、一个人所认同的群体所决定。这个时候所谓的原生家庭的影响已经减弱到很小了。但是现在心理圈内有一种误导性的流行风气，不少心理工作者习惯性地把求助者的问题引向所谓的原生家庭，导致求助者的错误外归因，甚至因此产生不能改变的无力感和绝望感。

鉴于此，我们在危机干预的心理咨询中要强调一点，即心理工作者不要在心理咨询中有意无意地主动暗示和引导求助者的问题源于所谓的原生家庭。这样做并不利于危机干预中的心理咨询工作。

危机干预电话咨询的特点，一是求助者的人数可能较多，二是求助者自身动力不足，不一定会有改变的意愿，所以并不适合传统的心理咨询方法。因为传统心理咨询的框架和流程，可能涉及求助者早年教养环境，而早年教养环境不是一两次咨询就可以改变的，所以在危机干预电话咨询中，不要尝试去碰求助者的早年教养环境。

不要去碰求助者躯体化的问题

躯体化的问题往往不是危机干预期间心理工作者两三句话就能解决的问题。例如，求助者说自己的例假不正常，除了心理的问题，还有来自身体（如甲减）的问题。所以心理工作者不能碰这些问题，因为没有充分的时间去改变它，求助者动力也没有那么强。

不要用平时的量表问卷

不可以用平时的量表问卷或者评估方法，来评价在某一个群体性事件中人们的情况。这种评估会有很大的偏差，因为在群体事件中，人们都会有类似的受到群体效应影响所产生的心理变化，随着事件的结束，慢慢都会恢复正常，至少都会减弱。简单地用问卷量表来评估应激情况下的反应，可能会导致评估偏差和错误。

心理咨询学员互动答疑

学员问题一：求助者要求留心理工作者电话，可以吗？

小明老师：我们给他提供的是热线，提供的是一个咨询的框架。咨询框架是否能够留心理工作者的电话，取决于你们的设置，这个是没有明确规定的。

如果你们提供的热线服务包括提供心理工作者电话，那你可以提供；如果你们提供的热线服务，不包括提供心理工作者电话，那就按照规定来。

学员问题二：有的求助者反复来电，是否可以将对其的咨询视为正规的电话咨询？

小明老师：这个过程缺少付费这一部分，所以他的动力仍然有问题。比如说，你可以和他讨论问题，但是当你试图去推动某些方面的时候，或者当他回到生活中想要去改变的时候，他的动力就会不足，他的防御就开始出现了。

学员问题三：对于求助者症状背后的意义，首次咨询没有和求助者讨论透彻。

小明老师：本来就不该在咨询中讨论这个问题，至少首次咨询不讨论。

首次咨询就是按照我们的框架流程，展现给求助者一个专业的心理咨询；我们提供专业的心理咨询服务，求助者只要得到一个安全稳定的答案就可以了。

第 9 章

危机干预电话咨询个案督导

督导设置

督导师：赵小明

参与人员：督导师、被督导心理工作者、网络学员

督导内容：疫情危机干预心理咨询督导

督导形式：网络督导

督导流程：

1. 心理工作者汇报个案基本情况。先由被督导心理工作者用文字贴出案例的基本情况，再对求助者的基本情况进行描述。
2. 督导师督导解析。
3. 心理咨询学员互动答疑。

备注：本章使用的案例均经过完全的改编，使用了仿写的方法，不涉及当事人资料。

案例 1

心理工作者汇报基本情况

心理工作者：第一个求助者自述是代咨询（案例经过改编）

姓名：××× 性别：女 年龄：23 岁 职业：公司职员

住所所在地：某二线城市

主诉：父亲，男，48 岁，长途客运驾驶员，春节前一直在工作，因 2020 年新型冠状病毒肺炎疫情目前正居家隔离。在家被单独隔离到主卧室，母亲怕父亲传染给家人，不让父亲出来，饭都是做好放在门口。自隔离开始，父亲火气特别大，动不动就发脾气，隔着门都能听到他骂骂咧咧的，也不听我们的劝。

求助：如何能让父亲配合一些，不要老发脾气。

督导师督导解析

小明老师（督导师）：心理咨询能够有效开展的前提是掌握第一手咨询资料。即使当一个人代替她的父亲来做咨询，我们能帮助的，实际上仍然是她本人，而不是她想代替的那一个人。这是心理咨询的规范要求，对一个代咨询，咨询师仍然要把一场咨询做完，那么我们要做些什么呢？

规范性的表格记录

我们首先应当根据求助者所说的情况进行记录。记录实际上也是为了缓解求助者的焦虑，让她看到她所说的一切都在以一种规范的方式被有效地记录。通过危机干预的热线电话记录，心理工作者要让求助者感觉到心理工作者面前似乎有一个表格。

心理工作者说：“现在，我们需要将你说的情况填入一个表格里面，我会有一些问题问你，请你回答我。”心理工作者边问边将她父亲的基本情况都详细地记录到表格中。

代咨询主体的确定

当把求助者父亲的所有情况都记录清楚后，心理工作者接下来要问的第二句话是：“我们现在还想问一下，你本人有没有需要进行心理辅导的需求？如果有的话，我们将给你填写第二张表格。”第一张表格实际上是对第二张表格的过渡，因为有些人看起来是代他人做咨询，实际上有可能是她自己潜在的需求，代他人咨询可能是她的一个防御策略。

如果这个求助者回答自己有咨询需求，我们就让她填写第二张表格。第二张表格全部填写清楚后，便可以对她展开咨询。对她展开咨询时，也需要一个正式的咨询规范。

心理工作者说：“我们填写了两张表格，由于你不是第一求助者，我们不能得到关于你父亲的第一手资料，所以今天我先为你展开一次正式有效的电话心理咨询，可以吗？”在求助者同意后，我们就可以开始对她展开心理咨询（对她的首次咨询方式和流程，可参考第 8 章的内容）。在咨询结束时，心理工作者需要说：“今天你做了自己的心理咨询，但你是代替你的父亲而来，你可以跟你的父亲沟通一下，我们已经记录了他的资料，如果他本人愿意给我们打热线电话，我们可以对他进行更有针对性的心理辅导。”

如果代人咨询的求助者自己没有需要咨询的问题，但是心理工作者仍要对她所说的情况进行详细的记录。最后心理工作者可以对她说：“心理咨询是需要求助者的第一手资料的，我们已经记下了你父亲的一些详细资料，但它是经过你描述的，你跟你的父亲沟通一下，请他自己拨打电话过来，我们对他进行直接的心理咨询，这样效果更好。同时你提供的资料也会作为我们的一个参考。”这个电话咨询就可以结束了。

以上就是关于代心理咨询情况的处理流程。

任何人都有咨询的需要

我们对这类代理的心理咨询必须有一个清晰的理念：任何人都有咨询的需要。这是我们必须要具备的第一个理念。具备这个理念后，大家就会明白，虽然这个人是代替她的父亲做心理咨询，而心理工作者要做的是直接对她展开服务。至于她是否愿意接受电话咨询服务，很大程度上取决于接电话的心理工作者，能否给她带来信任、专业、可靠的感觉。当她从心理工作者那里获得这种感觉，她很可能会转向为自己做心理咨询。如果没有获得这种感觉，那么她就会继续将代替别人做心理咨询作为防御，这是第二个基本理念。

明确告知求助者咨询的主体是谁

小明老师（督导师）：被督导的心理工作者可以再谈一下，在这个代咨询案例中，你是如何操作的？

心理工作者：倾听。

小明老师（督导师）：心理工作者不要描述模糊的东西，现在还没有谈到咨询的技术问题。咨询需要按照流程来做，做到流程化、规范化。现在，作为被督导的心理工作者，你要做的流程就是描述你所做的这个案例，以及你在咨询中的基本状况，我们再来看下一步的督导内容。

心理工作者：建立咨访关系，收集信息，主要听她讲她父亲的情况。

小明老师（督导师）：心理工作者这个时候不是和对方建立咨访关系，而是收集她父亲的信息。收集完她父亲的信息后，必须要非常清晰地告诉对方："我们能够帮助的是求助者，我们需要求助者提供第一手资料。我们已经记录下你所谈到的你父亲的情况，现在你有两个选择：第一，告知你的父亲来接受心理咨询；第二，如果你有心理咨询需要，那我将为你填写第二个表格，并将为你展开心理咨询。"这一点必须要清晰明确地告知对方，电话咨询不可以打哑谜，不能用长程精神分析的方式来操作。

心理工作者：是建立信任关系。

小明老师（督导师）：在电话危机干预的情况下，心理工作者一般不要通过一个人去做另一个人的心理咨询。这在正规的心理咨询里是无法操作的，因为无法判断她说的他人信息是真还是假，无法判断他人是否真的存在，是否出自她的幻想，是否出自她的想象。哪怕这个人真实存在，心理工作者也无法鉴别她对这个人的评价是真是假。心理咨询不能建立在没法确认真实性的材料基础上。

心理工作者：求助者怎么看待、解决她父亲的问题?

小明老师（督导师）：心理工作者在这个地方犯了错误。为什么不能做代咨询？为什么不能在没有明确告知对方，现在实际上是在做他的心理咨询的情况下，来做这场咨询？原因在于：当我们做某人的心理咨询时，这个人可以谈论任何人，他可以谈论他对别人的看法、观点，包括他对别人的幻想、想象，这一切都是被允许的。因为这一切都可以投射出咨询者本人的思想内容、心理内容，所以这些材料是可用的。但是我们现在做咨询的主体是谁？若心理工作者没有明确告知求助者现在的咨询主体，那求助者仍然会认为在做她父亲的咨询，但心理工作者却在悄悄地分析求助者本人，这实际上是违反咨询伦理规则和基本设置的。这有可能会导致心理工作者在分析完求助者的情况后，打算对这个求助者实施某个心理咨询技术或者做某些解释时，求助者会突然感到异常的不安全，产生强烈防御。她可能会说："我没有让你分析我，我是让你分析我的父亲。"这个时候，咨询就会崩塌，变成一场空。

正规的心理咨询必须要明确告知求助者，现在做的是谁的心理咨询。如果求助者来的是一家人或是夫妻两人，需要明确告知他们，我们做的是关于你们俩人的心理咨询，你们俩人需要同时在场。如果是关于一家人的心理咨询，一家人都必须同时在场。

在场才可以做咨询

电话咨询只是在用虚拟的方式营造在场的状态。假如被代咨询的那个人根本不愿做心理咨询，那我们相当于做了一个不在场的心理咨询。对于任何一种设置的心理咨询而言，我们都不能做不在场的心理咨询。因此，心理工作者不可以问求助者如何看待他的父亲，不可以用这样的问题来代替求助者本人的心理咨询。

非常重要的一点是：无论做网络咨询还是电话咨询，或是面对面的咨询，求助者和我们都是在场的状态。不可以在一个人不知道的情况下，背着他去分析他。心理咨询不是私家侦探，也不是私家心理侦探。你们没有想过，假如说求助者代做咨询的对象是她的丈夫，或是她的孩子，那心理工作者就变成一个私家心理侦探了，正规的心理咨询是不会提供这种服务的。

小明老师（督导师）：关于这个案例，心理工作者还有什么需要补充的内容么?

心理工作者：没什么内容了。

小明老师（督导师）：大家已经看到了，本案例心理咨询的错误就在于此，我们在没有和求助者具体讨论咨询主体是谁的情况下，做了一场无法产生意义的心理咨询。如果求助者不能成为咨询的主体，他就不会承担由咨询所产生的求助者要承担的责任和义务。

心理咨询学员互动答疑

小明老师（督导师）：现在，大家可以就本案例和上面提及的内容进行提问。

学员问题一：由于转述者的投射，心理工作者不可能得到真实的资料吧？

小明老师（督导师）：如果我们做的是求助者本人的心理咨询，我们可以让求助者谈论他想谈论的每一个人，因为这些人都是求助者内心的映射过程，所以这些都是他的材料。但是如果做的不是求助者本人的心理咨询，做的是另外一个人，甚至心理工作者都不知道这个人是否真实存在。假设这个人是求助者幻想的一个对象，那么我们做的是一个幻象的心理咨询，这就违反了我们心理咨询的基本要求。所以，不能也无法做一个求助者本人不在场的心理咨询。

学员问题二：半小时热线援助也需要填表格吗？

小明老师（督导师）：电话热线咨询的时间是由组织者来设定的，不同组织的电话咨询时间的设置不同。一般来说，会按照一个正式的心理咨询设置来进行，比如说一个小时或者 50 分钟。半个小时的电话热线，尽管时间太短，我们的咨询内容往往无法有效展开，但我们也需要做表格记录，不过表格可以简单一些，可以利用前 5 分钟的时间，用一个如 9–1 所示的表格记录基本情况，这仍然是必要的。

表 9–1　　　　求助者咨询登记表（供参考）

姓名（可用网名）		性　　别		年　　龄	
婚姻状况		教育程度		民　　族	
职　　业		联系方式	（求助者家人的）		
主要问题					
自我评价					
咨询原因					
爱好习惯					
身体状况					
既往病史					
备　　注					

假如你的电话咨询时间很短，你只大概记录了他的年龄、职业、所在地、主诉、咨询目标也可以，但这个的确比较简单，这就需要你在后面的咨询中花更多的时间去收集更详细的内容；假如你有足够的时间，再多花 5 分钟或者 10 分钟时间，多收集一些资料，这并不会耽误你的正规心理咨询，因为收集到的这些资料，对后面的咨询是有价值的。

收集资料的表格的内容越完善，对接听电话热线的心理工作者而言工作就越简单、越轻松，这就说明你的工作方式是结构化的；相反，在没法见面的情况下，就开放式的主题，想要通过电话的方式来更好地理解对方，对心理工作者的要求就会很高，难度也会很大，甚至会造成心理工作者的工作困难，所以，我并不提倡采用非结构的电话咨询方式。大多数心理工作者其实是胜任不了这样高难度工作的。表 9–2 是我们经常使用的临床收集资料表，以供参考。

表 9–2　　临床资料收集表

接诊：欢迎您的光临。咨询的有关问题与资料，将按照法律和咨询师道德规定与要求，为您提供严格的保密。咨询将询问一系列您个人的问题，请予以配合。**请尽量详尽地填写下面的问题，方便咨询师在正式咨询前对您的问题做全面的分析，从而为您节省咨询时间及咨询费用**
1. 人口学资料（年龄、性别、籍贯、婚姻等）
2. 个人成长史 对您自己小时候成长的描述，包括断奶和分床时间、入托时间，以及当时有无特殊情况。
3. 个人健康史 (1) 生理方面：您从小是否得过什么大的疾病？身体有无缺陷？主要的病历。 (2) 心理方面：您是好动还是好静？性格内向还是外向？

续前表

(3) 社会适应方面：社交、工作等。 4. 家族健康史（含生理、心理、社会适应） (1) 您的父母、祖父母有无其他大的疾病? (2) 您的父母有无精神方面病史？祖父母有无精神方面病史? (3) 您的父母现在从事什么工作？家中有什么困难？家中亲戚之间的关系如何? 5. 个人的生活方式、受教育情况 对自己的受教育情况是否满意? 6. 对自己家庭及成员的看法 喜欢家中的谁？感到谁最爱你? 7. 社会交往状况 与亲戚、朋友、同学、同事、邻里的关系相处得如何? 8. 目前的生活、学习、工作状况； 对自己的生活、学习、工作状况是否满意?

续前表

9. 自我心理评估

(1) 优缺点。您觉得自己有什么优点 / 缺点？

(2) 习惯。您有什么习惯？您认为是好习惯还是不良习惯？

(3) 爱好。有什么爱好？喜欢不喜欢体育活动？喜欢哪些活动？

(4) 对社会、家庭、婚姻以及对目前所从事的工作的看法。

(5) 对个人能力和生存价值的评估。您对生活是否有信心？自己的能量是否得到发挥？自我价值是否得到实现？

10. 近期生活中的遭遇

最近有没有什么烦恼的事？

11. 求助目的与愿望

咨询后想达到什么样的目的？

12. 自身心理问题

自身心理问题发生的时间、痛苦程度以及对工作与生活的影响。所咨询的问题从什么时间开始出现？对您的影响有多大？

续前表

13. 自我评价 您对自己的言谈、举止、情绪状态、理解能力等是如何评价的；有无精神症状？自知力如何？
14. 其他 你的经济状况如何？婚姻方面包括你的性生活状况如何？青春期的性心理是否健康？小时候家庭关系如何？父母的关系如何？
15. 你是否想过结束生命 ☐ 你是否想过结束他人的生命？ ☐ 你有自残行为吗？ ☐ 你会因家人去世而情绪低迷吗？ ☐ 你有听到 / 看到别人听不到 / 看不到的东西吗？ ☐ 你曾受到任何身体上的伤害吗？ ☐ 有人让你觉得不安全吗？

以上表格所列的问题比较全面，咨询师和危机干预心理安全员要根据求助者的实际情况来判断，如求助者叙述内容的开放程度、咨询的时间宽裕和紧凑程度，以及求助者问题的聚焦点等方面，进行重点的筛选询问。

关于电话热线的表格，大家可以参照小明老师的《手把手教你做咨询案例督导》课程中，关于心理工作者如何在咨询中收集求助者的人口统计学资料那一课，其中对应该收集哪些内容有详细的讨论。

案例 2

心理工作者汇报基本情况

心理工作者：×××（案例经过改编）

姓名：××× 性别：女 年龄：36 岁 职业：某企业财务主管

住所所在地：某一线城市

来电者咨询问题：她的大儿子 10 岁，活泼好动，特别喜欢藏东西。由于家里两个孩子，自己住在娘家带小儿子。孩子的父亲在大儿子学校附近开小超市，所以平时由他负责照顾大儿子。因新型冠状病毒肺炎危机事件隔离，一家四口目前住在一起。丈夫对大儿子的期望较高，付出很多，但管教方式较为粗暴。这段时间因天天在家，孩子的多动症更厉害了，她丈夫前几天把儿子打得特别狠。她希望能够帮助她丈夫，寻求孩子的教育之道。

督导师督导解析

告知求助者咨询方式

小明老师（督导师）：这个咨询也是一样，我们首先就要告知这名求助者，也就是这位母亲，我们现在能做的心理咨询有这么几种方式：

1. 她的家庭成员一起来做心理咨询；
2. 她的丈夫和她的儿子一起来做心理咨询；

3. 她的丈夫单独做心理咨询；
4. 她自己来做心理咨询，同时要明确告知她，我们不能帮助她来做她儿子的心理咨询。

因为很多大众不了解我们心理咨询工作的范围，所以必须明确告知求助者，这非常重要。我们在征得求助者的同意之后才能为他做心理咨询，比如说她的丈夫听到了我们讲的这些内容，她丈夫说“好吧，那就做我的心理咨询”，在这种情况下，我们才可以做她丈夫的心理咨询。

心理咨询的范围和心理咨询的主体是我们在电话咨询里面首先要告知对方、需要对方确认的内容。

求助者明确咨询主体

当求助者不知晓咨询的主体是谁时，心理工作者很容易出现错误，即在心理工作者和求助者都没有确认咨询主体的情况下，两人达成一种不明不白的默契。

这是一种什么样的默契？心理工作者开始和求助者达成一种同谋、共谋关系，就像一场谋杀案的共谋，这场谋杀案被谋杀的对象是谁？是她的儿子。心理工作者绝不可以将心理咨询做成和求助者共同去谋害另一个人的咨询！

留全求助者的联系方式

不管是电话咨询还是正式的面对面咨询，我们都要留下求助者的联系方式，姓名可以是匿名的。

我们不仅要留下求助者的电话，还要留下求助者紧急联系人的电话，并且要了解紧急联系人和他是什么关系。我们刚开始做咨询的时候，不确定求助者是什么情况。在做咨询的过程中，如果我们慢慢发现求助者可能存在自杀风险，这个时候紧急联系人的电话就变得异常重要。

在心理咨询中，假如求助者有自杀风险，心理工作者却没有求助者紧急联系人的联系方式，那这样的咨询是有隐患的。虽然不能说求助者自杀的后果要由心理工作者承担，因为电话热线心理咨询本来就是免费的，它的权力义务不像收费咨询有明确的契约来确认，但仍然会造成一部分法律问题。至于法律问题如何界定，要问专业的法律人士，但心理工作者不应该冒这样的风险。

如果求助者不愿意留下联系方式，那就要明确告知他："这是我们进行热线危机干预的一个必要内容，希望你能配合我们。"心理工作者可以反复跟求助者确认这一点。

夫妻咨询如何收集资料

小明老师（督导师）：现在我们要确认一下，请被督导的心理工作者告知我们，在这个案例中，你的咨询主体是谁？主体是不是同时在线？

心理工作者：夫妻同时在线。妻子诉求：帮助老公寻求孩子的教育之道。夫妻俩关于大儿子的教育分歧很大。夫妻自述信息：丈夫原来对大儿子的期望很高，付出很多，几乎把全部精力都放在大儿子身上了，大儿子却特别皮，还经常把很多玩具藏起来带到教室里玩，丈夫经常被小学老师叫到学校。丈夫较为严厉，教育孩子缺乏耐心，孩子达不到要求，他就会忍不住动手打，每次打过后，都十分后悔。丈夫到底该怎么教育这个孩子？

小明老师（督导师）：关于夫妻咨询，心理咨询师不可以与孩子的父母一起来臆测分析孩子的情况，那样就会把心理咨询变成心理工作者和父母共同完成对儿子的共谋行为。

我们在收集资料的时候，应该写上妻子是如何描述自己的主诉的；丈夫是如何描述自己的主诉的。清楚地分开收集，然后把这两部分内容分别贴出来。

心理工作者：妻子自述："丈夫较严厉，教育孩子缺乏耐心，孩子达不到要求，他就会忍不住动手打，每次打过后，都十分后悔。"

小明老师（督导师）：很多心理工作者都会犯的错误是，在刚开始咨询时，最基本的流程和咨询设置的规范性不够。如果咨询的规范性不够，那督导就没太大意义。正规的心理咨询其专业的职业咨询范式，如果你不能在心理咨询中展示出自己专业的规范化、流程化、结构化的心理咨询框架，那这不仅会导致自己工作困难，也会导致后续咨询无法有效展开，甚至在督导过程中，由于看不到有效内容，而无法完成督导。

规范化的心理咨询案例记录

在心理咨询中，如何规范化地记录求助者的内容？我们应当按照以下的指导来记录。

要规范主诉的主体是谁，比如说在妻子主诉的过程中，我们尽量使用第一手材料。什么叫第一手材料？妻子的原话是怎么说的？当妻子的原话变成了心理工作者诠释过后的描述时，就无法看到第一手材料。一个正规的咨询案例记录的主诉，首先应该将妻子原始的语言内容原封不动地记录下来；然后，心理工作者要客观化描述咨询过程中妻子的表达。

这两个记录要分开。在心理工作者描述妻子自述的语言内容里，我们看不到到底是心理工作者的客观化描述，还是来源于妻子的主诉。

作为一名职业的、专业的心理工作者，你首先要练好“规范化”的基本功，基本功都没有过关，就不要去谈你后续做了多少技术性的心理咨询内容，因为那些内容并没有多少意义：前面的东西没法做到客观化，我们就无法做后续的工作，因为后续工作的基础并不扎实。

今天被督导的心理工作者再做一个规范化的心理咨询案例记录：

1. 原封不动地描述妻子的主诉，记录她的原始语言内容；
2. 写出心理工作者对于妻子的客观化描述；

3. 再写出她丈夫的。

按照这个方式来贴出你心理咨询的内容。

记录求助者的原始语言风格

心理工作者：丈夫自述："孩子他妈平时不在家住，我几乎把全部精力都放在大儿子教育问题上了，儿子很让人操心，我经常被老师叫到学校。"

小明老师（督导师）：我们继续督导今天的心理工作者，她写的是："这全是那位丈夫的自述，没有心理工作者的评判。"通过心理工作者写的这些语言，看不到求助者原始语言的风格，所以我说这个更像是客观化描述，而不像是求助者的语言风格。

我们要在心理咨询中记录第一手资料，要记录下求助者的语言风格，这是非常重要的。所以心理工作者要重新回忆一下，求助者是如何向你描述上面这些资料的？把一些关键内容的原始语言风格记录下来。

心理工作者不需要记录每一句话，但是关键内容的原始语言风格要像原始语言一样地记录下来，贴出来。现在这一段内容其实是客观化描述，只不过我们的心理工作者分不清楚什么叫作具有原始风格的求助者语言？什么叫作心理工作者的客观化描述？这两个东西在这个咨询记录中是混淆的。

例如，在父子相处中，母亲是这样描述的吗？"孩子他爸较严厉，教育孩子缺乏耐心”，如果这段话是求助者真实的语言，完全没有加工过，我们得到的第一手的信息是：超理智化的、像机器人一般的语言。实际上人家说话可能不是这样，所以说第一手的资料必须要记录清楚求助者的语言风格，而不是客观化描述。

首先要记录求助者主诉的原始语言风格资料，原始语言风格资料记录完后，再写你的客观化描述。

小明老师（督导师）：其实案例记录是在咨询过程中就要完成的，咨询过程中心理工作者不需要去记录完整的案例过程，否则时间不够的。但由于你是正规专业的心理工作者，你应该很敏感，你应该知道哪些语言是关键语言，把求助者的关键语言、原始语言风格的话，快速地记录下来，是非常重要的。

什么是关键的内容？站在动力学心理咨询视角来看，关键内容主要是涉及与人格有关的内容。人格分自我概念和自体表象两部分。而自我概念、自体表象则涉及他评和自评。所以，一切关于他评、自评的这部分内容都是我们的核心内容，所以要快速地把对方原始的语言风格记录下来。

寻找工作的地方

心理工作者：这位妻子自述：“父亲较严厉，教育孩子缺乏耐心。”

小明老师（督导师）：现在，大家看到了心理工作者记录的原始内容。虽然这个原始内容看起来还不够充分，但已经比刚才好一些了。现在大家明白为什么说原始风格的语言内容非常重要，没有原始风格的语言内容，我们很多原本重要的咨询内容就会丧失。在被督导的心理工作者贴出的第一段内容里，哪一些内容是重要的？是我们工作的地方。不管是面对面的心理咨询还是电话心理咨询，我们都要快速找到我们工作的地方，快速地展开对话，展开问题。

心理工作者：妻子自述："孩子的父亲原来对他指望很高，但他却比较让人操心。父亲较严厉，教育孩子缺乏耐心，孩子达不到要求，父亲就会忍不住动手管教，每次管教过后，都十分后悔。父亲到底该怎么搞定这个孩子？"

父亲自述："孩子妈平时不在家住，我几乎把全部精力都放在大儿子的教育问题上了，儿子太皮，还经常把很多玩具藏着带到教室里玩，我经常被老师叫到学校。"

按照优先顺序展开问话

小明老师（督导师）：我们要督导的第一个内容就是，我们从丈夫和妻子主诉的原始语言里面要找到我们工作的地方，找到工作的地方之后，我们再展开问话。记住是展开问话而不是展开分析。比如说"儿子占了父亲的位置"，不可以做这样的分析。因为我们刚刚开始，才得到了两句话资料，就开始分析求助者是非常可怕的，不要形成这样的一种心理咨询习惯。

大家来看看我们的学员在咨询中选择的可以进行工作的地方，有的是家庭关系，妈妈怎么看的？态度是什么？有的是妈妈工作优秀，就是对儿子毫无办法，妈妈怎么看？这些工作的地方当然都可以，都可以作为工作的地方。我们在确定工作地方时，找出当前我们能够发现的所有工作地方，把它们排一个优先顺序，先从信号最明显的或者最突出的一些内容着手开始工作。

记住不要去做分析，一上来就做分析是一个非常不好的工作习惯。包括“父亲原来对大儿子的期望很高，大儿子却很让人操心”，如果求助者没有说出“期望”这个词，那么，这个“期望”是源于心理工作者的判断，心理工作者就不可以使用这样的词进行分析，“期望”这个词必须来源于求助者的语言。

我们在最前面时候，看到心理工作者说“妻子说‘丈夫原来对大儿子的期望很高’是原话”，那这句原话是在什么地方出现的？当时的原始语言风格是什么？当这句话出现的时候，心理工作者必须要马上问：“你所说的‘期望’指的是什么意思？”为什么要问这样的话？因为这句话代表着心理工作者必须要确认，求助者语言中的“期望”所代表的语境的含义，和我们所理解的“期望”是否一致。

心理工作者切忌误认为自己知道求助者说的每一个词的含义。同样一个词，求助者对它的定义和心理工作者对它的定义不一定相同。同样一个词，求助者的含义背后可能有一个故事，我们要听故事。所以在心理咨询中，不管是地面咨询还是电话咨询，我们首先要做的就是找到我们的工作地方。

找到工作地方，第一种就是要对求助者所说的某一些词，以及这些词代表的语境进行确认。而这些词往往都是我们认为比较重要的词，比如说刚才所说的“期望”这个词，丈夫嘴里所说的“指望”是指什么意思？我们都要进行确认。

接下来，我们还需要工作的地方有哪些呢？我给大家都指出来，以供大家训练对于求助者说话内容的敏感性。还有就是：“孩子他爸就会忍不住动手管教，每次管教过后，都十分后悔。”我们可以问一句：“你所说的孩子他爸忍不住动手管教，指的是什么？此外，关于‘忍不住’，你能不能具体举一个例子？”

对于妻子说话的内容中我们感兴趣的部分，我们需要在找到工作地方之后，我们再对这部分内容进行讨论。

当我们分别对丈夫主诉的内容和妻子主诉的内容都找到工作的地方后，我们还可以对他们双方所提供的材料中不一致的地方，再继续提问。

比如说我们可以问父亲：“刚才孩子他妈说到了什么，你说的是什么，你怎么看？”或者我们问母亲：“刚才孩子他爸说的资料和你说的资料不太相符，关于这件事你怎么看？”就是要对双方所说的内容，进行平行比较后发现可以工作的地方，再进行问话。

刚才我们要工作的一句话出来了，即妻子主诉“丈夫原来对大儿子的期望很高，大儿子却让人操心。”这句话出来之后马上就要问：“你所说的，你丈夫对儿子的期望很高，指的是什么？”当妻子描述完之后，我们还可以问一下她丈夫："刚才你妻子说，'你对大儿子的期望很高'，那么关于这件事，你是怎么看的？"

就是对于相同的材料，因为我们做的是夫妻治疗，所以我们对于相同的材料，我们要分别问双方的看法。

夫妻咨询的理念和框架

首先，我们要为大家建构出整个咨询的理念和框架，让大家有一个清晰的思路。当我们分别从丈夫的主诉、妻子的主诉以及夫妻之间相关的材料进行，找到工作的地方之后，全部询问完之后，接下来心理工作者做什么？

不做分析。当把这些东西都问完后，往往就到咨询的后半部分了。此时，心理工作者需要用人本的方法进行总结复述，作为求助者的丈夫和妻子分别说了什么？心理工作者对双方描述的内容进行总结和复述之后，再问双方："你们怎么看？"对于整个咨询的框架，心理工作者既不要去做分析，也不要去提建议，心理工作者要做的事情就是：

1. 等求助者双方描述出自己的内容；
2. 找到工作的地方；
3. 对他们双方之间工作地方进行一个平行的比较，再一次提问；
4. 进行人本总结和复述；
5. 询问他们如何看待现在发生的一切；
6. 他们能够想到哪些方法，以及使用过哪些方法。

总结和复述完之后再问双方："对于刚才这些内容，你们是怎么看的？你们怎么看你们刚才说的内容？"他们说完之后再问他们："那么过去你们是怎么解决这问题的？""你们是否还有其他有效的方法？你们曾经尝试过哪些方法？"心理工作者在这个过程中，都是要问求助者做过什么，而不是打算为求助者做什么。

咨询最后结束的方法是：让夫妻双方谈完他们所有的内容后，再对我们想要工作的地方，又一次进行询问，再把他们所有说的内容总结复述，看看他们怎么看待现在发生的一切。让他们说一下他们能够想到哪些方法？以及使用过哪些方法？

所有这些内容做完之后，咨询的目的实际上就是帮助求助者澄清事实、澄清真相。帮助求助者把他们目前所发生的一切，摆在他们面前，让他们自己去寻找有可能解决问题的途径，这就是心理咨询要做的。

儿子咨询：咨询主体在场原则

这些做完之后，我们还可以进一步地去跟双方讨论："如果有可能的话，你们可以尝试询问一下儿子愿不愿意来接受心理咨询？"他的儿子做心理咨询的方式有两种：一种是和家庭成员一起来，另一种是单独接受心理咨询。

我们要把这件事作为一个最重要的点提供给他们父母，最重要的是要告知他们："我能给你们俩做心理咨询，不是针对你们的儿子的，只是针对你们俩的。如果要想做跟儿子有关的内容咨询，最好让他亲自来。”

这些只是为了不断地确认和不断地告知求助者，我们不能成为你的共谋，不能成为你“谋杀”你们的儿子的工具。现在你们俩来这里做心理咨询，虽然你们谈论的都是你们的儿子，但是我做的是你们两人的心理咨询。我们必须清晰心理咨询的主体是谁？很多心理工作者做着做着就把主体给忘了，甚至把咨询的范围给忘了。

在孩子父亲说话内容里面，我们也可以发现工作的地方。比如父亲说：“儿子特别皮，还经常把很多玩具藏起来带到教室里玩。”那我们就问他：“你所说的‘还经常把很多玩具藏起来带到教室里玩’指的是什么？你怎么看待你儿子经常把很多玩具藏起来带到教室里玩这件事的？”这些都是我们可以工作的地方。

本场咨询要想确保咨询效果不会产生大的失误，那就要时刻牢记：你们做咨询的主体不是他们的儿子，而只是通过他们双方描述他们的儿子来了解他们两个人！

他们描述自己的儿子，只是一种表达自己的方式。他们在描述儿子过程中的所有语言，作为一种映射的方式，帮助我们来了解他们自己的内心。心理工作者只有确认了咨询的主体不转移，这个咨询才不会出问题。

本案例跟第一个案例一样，都有一个共同的问题：很多心理工作者容易失去和忘记自己的咨询目标、咨询的主体和咨询的范围。这一点如果错了，后面所做的咨询就都错了。

心理咨询学员互动答疑

学员问题一：那位妻子还提到她丈夫“几乎把全部精力都放在他们的大儿子身上了”，心理工作者要不要去继续挖一下？

小明老师（督导师）：在这场咨询中，咨询的主体——妻子还提到了其丈夫几乎把全部精力都放在大儿子身上了。那么我们可以问一下：“你是怎么看待你丈夫几乎把全部精力都放在大儿子身上这件事情的？”我们问的所有这些内容，其实最终我们不能离开的咨询主体就是妻子、丈夫和夫妻之间的关系以及他们整个家庭系统的关系，记住这才是我们咨询的主体。我们只要围绕这个咨询主体展开就不会有问题，我们咨询的主体不是他们的儿子，切记这一点！

不管这位母亲怎么谈论她儿子，这位父亲怎么谈论他儿子，我们咨询的主体都是妻子或丈夫本人、夫妻关系，以及他们的家庭系统，这些就是我们咨询的主体和范围。

学员问题二：求助者不愿留电话，留下虚假联系人电话，该怎么办？

小明老师（督导师）：首先在求助者留下电话的时候，我们是没法确认这个电话的真实性，所以我们只能是做记录。

其次，在心理咨询中，当我们发现求助者有自杀风险时，必须先暂停普通的心理咨询流程。只要发现这样的风险，我们首先就要跟求助者确认自杀的风险，按照危机自杀干预的流程来做心理咨询。

按步骤确认他的自杀风险有多大，并且根据风险情况，告知我们的咨询主体，他现在面临着一个风险，我们需要和他的紧急联系人进行联系。在联系到紧急联系人的情况下，我们才能进行后续的心理咨询。如果案例不安全，我们要建议他转为面对面咨询。因为电话心理咨询假如不能给求助者提供一个安全可靠的服务，我们就不能继续进行这样的心理咨询，否则就会有风险。

心理工作者在危机干预中如何防范求助者的自杀风险？这就是为什么在前面填资料时，要尽量把资料填完整。在咨询开始时，我们就要问一些关于危险可能性的问题，比如在收集人口统计学资料的时候，我们可以问他："这段时间是否有过一些想要伤害别人或伤害自己的行为？"这也可以作为电话咨询需要记录下来的内容。如果有这样的风险存在，我们的心理咨询就要和求助者讨论这方面的风险有多大，并按照危机干预的方式进行讨论。如果风险比较大，我们就要提出该个案不适合电话咨询，需要提出转介到线下的咨询机构的建议。我们可以帮他联系地面咨询机构，这就是防范风险的方法。

学员问题三：是在收集资料的时候记录联系方式吗？

小明老师（督导师）：当然应该在收集资料的时候记录下联系方式。

学员问题四：在没有建立好咨询关系的时候，向求助者收集资

料，他会不会不配合？

小明老师（督导师）：正因为没有建立心理咨询关系，所以心理工作者才要收集资料，收集资料是在建立心理咨询关系之前要做的事情，收集资料分为两个阶段：

第一个阶段是咨询没开始前先收集基本的人口统计学资料；

第二个阶段是咨询之后再收集资料。

学员问题五：暂存技术能不能用在电话咨询里？

小明老师（督导师）：心理学家比昂提出，对求助者的说话内容暂时不讨论的处理技术被称为暂存技术。我们可以在一次性的咨询里使用暂存技术，在暂存完之后，我们会在该次咨询的后面流程中，用到这些材料。如果不是一次性咨询，而是长程咨询，那么暂存材料也可以在后期继续使用。对于一次性咨询，我们的暂存材料尽量在后面干预时，拿出来进行联系和讨论即可。

学员问题六：心理工作者工作的主要地方就是确认那些模糊的词语吗？

小明老师（督导师）：我们心理工作者的工作地方不是简单地确认那些模糊的词语，而是要确认求助者说的这些词语所代表的含义。因为每个人都会对自己所说出的词汇有自己的定义，而且在自己的定义背后往往还有重要的内容、重要的故事。这就是我们为什么要去问求助者的语境下词汇含义的目的所在。

课程关键核心内容

本案例督导的主题有两个关键词——“主体”和“在场”，这两个关键词其实也是拉康流派精神分析的要求。“主体”不仅代表心理工作者咨询的对象和范围，也代表求助者能否占据自己的主体资格和位置。在这个家庭案例中，父亲并没有占据家庭的主体位置。“在场”首先指的是求助者要在现场，我们不能通过甲的语言去分析乙的情况。“在场”最重要的是：在心理咨询中，我们只能通过求助者在现场的语言，来进行有关他本人的咨询工作，而不可能通过他本人的语言去分析另外一个人的情况，心理工作者千万不要犯这样的错误。

案例 3

心理咨询师汇报案例基本情况

求助者姓名：××× 性别：女 年龄：28 岁 未婚

职业：公司职员 住所所在地：某沿海城市

求助者主诉：我多年来一直神经衰弱，睡眠不好，血压低。2017 年开始胸闷、胸痛、睡眠不好，做了多项检查，仍找不到原因。去年 8 月因胸痛并伴随着失眠住院。心理医生诊断我为躯体症状障碍，常年服药，包括抗焦虑的药，近期因疫情断药。

咨询师客观描述：求助者 38 岁，未婚，独女，五年前一个人来该市工作生活。2018 年初，求助者的家人出车祸，曾到求助者家里住过一段时间。2020 年疫情发生前，母亲一直叨叨，希望她回老家待一段时间，被求助者拒绝。最近，在家隔离期，睡不着觉，入睡困难，常醒，内心痛苦，总是在想“我是不是有病”，总担心得了不治之症，觉得自己有焦虑症，情绪暴躁，心跳快容易紧张，又觉得自己有时有抑郁倾向。因为胸闷，自己上网查病，体温正常，嗓子哑，担心自己接触人多，怕传染给家人，所以就不回去了。经常刷手机看疫病动态。“疫病报道那么多，所以想得多，总怀疑自己有病”。

求助者诉求：我想知道自己到底有没有病。最厉害的时候，家人车祸做手术，我在医院伺候，七天没有睡觉，感觉自己不行了，打 120 送医院，住院治疗了半个多月。“最近好像又回到了那个时候，没法睡觉，没有力气，没法回去照顾老人”。

督导师督导解析

结构式访谈和精神分析的长程心理咨询

小明老师（督导师）：首先，心理咨询师要把结构式访谈的大致框架内容全部写下来。

心理咨询师：求助者有躯体症状障碍，包括慢性疼痛、恶心、眩晕、疲乏和无力，可持续数月或数年。有强烈的担心和焦虑——白血病或肺部感染，常寻找不同的医生，希望医术高超的大夫能够发现其病症的真正来源。

例如，求助者患有神经炎，会感受到持续的胸部疼痛，并伴有失眠的症状，现已无法正常工作，整天躺在家里，无法照顾家里的老人。求助者已花了很多钱检查身体、住院服药等；即便在多个医院检查后也不相信自己是健康的，有与健康相关的行为的强迫思维。

小明老师（督导师）： 首先结构式访谈和长程精神分析心理咨询区别非常大。比如在长程精神分析的心理咨询中，特别讲究跟着求助者走，不能去打断求助者的潜意识。因为一旦我们打断了求助者的潜意识，或者我们提出的问题，可能会导致求助者想说的内容无法说出来，反而变成了我们主导了求助者说出的内容。这样我们得到的内容就不能更好地呈现出求助者潜意识的真相，也不能够更好地遵从一个客观的要求。这就是为什么多数长程精神分析都不会有结构的原因。

实际上，这种没有结构在精神分析中的要求是很苛刻的，甚至要求心理咨询师不要说第一句话，要让求助者说第一句话。换句话说，就是心理咨询师说第一句话都有可能干扰求助者潜意识的方向。所以，动力学和长程精神分析是不太讲究结构的，而是跟着求助者的潜意识一直往下走，我们偶尔会打断求助者提出问题，但是尽量不要去打断求助者。这是长程精神分析，可以算作是一个谱系的另一个极端，就是基本上不要结构。

当然有的精神分析师在刚开始做咨询时，可能会和求助者说个前面的引导语，比如“你闭上眼睛，你可以说出任何你想说出的话”，然后结束的时候会说：“好，我们今天就到这里。”就是这样一种最简单的头尾结构，仅此而已。

结构式访谈的前暗示作用

小明老师（督导师）：那么，为什么疫情危机干预电话要用结构式访谈呢？这主要解决两个问题。

要解决的第一个问题是，求助者在电话咨询中看不到心理咨询师，如何获得对心理咨询的前暗示的过程？前暗示是指求助者在咨询之前，从心理咨询师这里得到有效信任信息的过程。咨访关系是一种对信任程度要求非常高的人与人之间的关系模型。

如果是面对面咨询，在咨询正式开始前，求助者来到咨询室，通过看到咨询广告、看到心理咨询师本人、填写表格等系列工作流程，对咨询产生信任感，即咨询的前暗示过程。心理咨询师的简历也会给求助者带来权威感，而这些工作在电话危机干预中是完成不了的。

结构式的电话咨询，比如很多客服热线都有固定话术，有对我们提供的信息打字做记录。危机干预的电话咨询也要有结构，让求助者感觉我们每一步都是有流程的。有结构、有流程，就相当于我们到一个地方去买东西，售货员统一着装，或者我们去购买一份保险，保险公司工作人员穿着工装，这些会增加我们的信任感。但是在危机干预和电话咨询里面，信任感特别重要，心理咨询师的权威感特别重要，他能给人带来安全感。为了让求助者感觉到心理咨询师的权威和专业，给他们提供安全感，需要结构式的框架，让他感觉到我们的工作是有流程的，是专业的。否则，对方就不知道心理咨询师是真是假，也不知道其水平高低。

这是结构式的第一个要求，我们是为了增强危机干预期间求助者能够从我们这儿获得的一种权威和专业的安全感。

要解决的第二个问题是，很多心理咨询师并不具备专家水平，如何快速提升心理咨询师危机干预的电话咨询水平，让他们能够胜任咨询工作？心理咨询专家可能一听到求助者说话，立即就能从求助者说的话里，知道从什么地方入手展开工作，也就是准确地找到展开工作的地方。他不会随便去干扰求助者，他能找到最佳的工作切入点。这样既能充分收集到资料，又不会干扰求助者，而且他还能听出求助者话里的潜台词，他的干预也能恰到好处并做到有节制。

在危机干预电话访谈中，对于不能达到真正的高手和专家水平的心理咨询师而言，用结构式访谈是非常必要的。大家都知道危机干预的电话咨询，可能工作量很大，如果是现场，比如说 2008 年我去四川汶川地震的现场，工作量会更大。人不停地来，这么大的工作量如果没有一个结构，凭经验去做咨询，发挥不好的时候，就找不到工作的切入点，也听不出求助者话里的潜台词。有了结构后，至少能让咨询达到一个基本的基线水平，心理咨询师的基本能力就能体现出来。

从这两方面来说，哪怕我去做一个电话咨询，或者做一个危机干预的心理咨询，我也会有一个框架和结构，我会让求助者按照我的框架结构一步步填写资料。按照流程做工作，一方面，能使自己的负担和压力减少，另一方面，也可以让求助者感觉到我们的专业和权威。所以，我也会为咨询工作的展开做一个结构式框架。

因此，建议大家在今后凡是遇到危机干预或者电话这样的访谈，在求助者不知道你是否专业的情况下，尽量把一个结构式的访谈问卷、结构式访谈表格放在自己面前，以结构式的方式向求助者提问以便收集资料，为求助者做好咨询。

结构式访谈的步骤和结构框架

小明老师（督导师）：既然大家已经明白了结构式访谈工作的重要性。请大家写出危机干预结构式访谈的步骤和结构框架。第一句话应该是危机干预电话访谈的引导语。引导语的第一句话应该先介绍心理咨询师：介绍我是谁，接着介绍基本的咨询设置和时间安排。

大家先试一试，看看你们会不会写引导语。引导语是把危机干预的求助者纳入一个专业权威的正式心理咨询设置最重要的第 1 步。在进行自我介绍之后，还要对咨询的设置做简要介绍，比如说我们咨询的形式，我们咨询的时间、要求、保密等。

第 2 步，收集人口统计学资料。

第 3 步，收集求助者的主诉，原封不动地记录求助者的语言特点。

请被督导的心理咨询师把求助者的主诉贴出来。

求助者的主诉和心理咨询师的客观性描述

心理咨询师："我是不是有病？2017 年开始胸闷、胸痛、睡眠不好，做了多项检查，后来被诊断为肋间神经炎。"

小明老师（督导师）：请大家注意，心理咨询师记录的第一句话，比如说"我是不是有病"，到后面"2017 年开始胸闷、胸痛、睡眠不好，做了多项检查，后来被诊断为肋间神经炎。"这个就变成了心理咨询师的客观性描述了。为什么呢？因为缺乏主诉语境。语境特别重要，没有语境，我们就不能从求助者的主诉中看到求助者的情绪。而如果通过有语境的文字叙述，我们甚至可以看到求助者更多的潜台词。如果是通过录音记录，那就更好了，我们直接听录音就像求助者直接在我们面前一样，没错吧？所以不管是心理咨询师把这些资料作为自己以后使用，还是用来做督导，你都应该记录下语境。目前的这个记录并没有语境，也就是说被心理咨询师省略到的一些内容就把语境给抹杀掉了。

比如说"2017 年开始胸闷、胸痛、睡眠不好，做了多项检查，后来被诊断为肋间神经炎"，这句话一定去掉了语境。我来给大家举例说明，加上语境的记录应该是什么样的。比如，"我从 2017 年开始胸闷、胸痛、睡眠不好"，加上一个"我从"，求助者的情绪是不是一下子就出来了？这说明什么？说明他的焦虑是从 2017 年开始的。所以，语境非常重要。只要加上一两个词的语境，我们就能够知道求助者当下的状态。如果我们用求助者真实的语境，"我是从 2017 年开始”这句话就表达了一种持续的焦虑状态。如果心理咨询师没有记录下语境，也就说明心理咨询师在听求助者说话的时候，没有注意到求助者说话语言中的情绪和她的潜台词。

如果你注意不到她的语境、她的潜台词以及她的情绪，那你做咨询就只剩下了文字，而文字在不带情绪的情况下并不能够准确地表达任何东西。所以，大家一定要记住：心理咨询师在做记录的时候，如果把语境去掉了，把情绪去掉了，就说明她忽略了这一点。心理咨询师在做记录的时候，有时候要对求助者的话加上对其情绪的描述。比如“目前有两种药吃完了”这句话，如果你在它旁边打个小括号，括号中写上：“求助者说这句话的时候很平淡。”或者“求助者说这句话的时候很着急。”“求助者说这句话的时候很愤怒。”我们就知道求助者说话时的情绪反应了。如果我们都不知道求助者的情绪，那我们做的岂不是机器人的心理咨询了吗？

再比如，求助者说“我大概想多了，自己瞎琢磨”，这句话是什么情绪，我们根本看不出来，能理解吧？所以心理咨询师要对情绪进行描述，只有对情绪进行描述了，才说明你注意到了求助者的情绪。如果你在情绪描述后面写上：“求助者说‘我大概想多了，自己瞎琢磨’这句话的时候很平静。”如果求助者说了这么多内容，她还很平静，那么我们又要产生怀疑了：求助者一方面很焦虑，一方面为什么说话的时候会很平静？这个矛盾之处就会成为我们展开工作的地方。如果没有语境，没有情绪，我们就无法展开工作。

对主诉进行语境还原和情绪还原

心理咨询很重要的一点是，不管是面对面的，还是电话访谈的，无论是长程的还是短程的，找准工作展开之处是心理咨询师最重要的基本功。很多心理咨询师都找不到展开工作的地方，最终导致乱问话、乱工作，打断求助者的思路。我们就是要对大家来做这一内容的督导。心理咨询师要做的事情就是对求助者的主诉进行语境还原和情绪还原，千万记住这两个术语。假如要做一个自己的心理档案，那就要把求助者所有的东西都记录下来。过几年后你们自己再来查询这些记录，看到这些心理档案就会把求助者的全部资料都回忆起来了。如果没有这样的语境和情绪的还原，那么心理档案就显得干巴巴的，放在那儿什么都不看出来。你们也看不出来任何东西，以后也不利于你们自己进行工作经验总结和研究。

所以，现在心理咨询师来完成这个补充工作，就是再一次对求助者的主诉进行语境还原和情绪还原，然后贴出来。

为什么叫作为主诉？主诉这个词第一个字是主，主是什么意思？主诉的“主”代表求助者占据主体资格，在说话，而不是心理咨询师在占据主体资格，在说话。求助者占据主体资格，在说话，本来也是拉康流派精神分析的要求。主诉这两个字看起来很简单，却是绝大多数心理咨询师都会忽略的东西。如果你不能把求助者的主诉非常客观地写出来，你就无法做到客观性描述。如果你做不到客观性描述，那么在心理咨询现场，当你去重复求助者说的话，或者对求助者说的内容进行总结的时候，你就不能做到标准的客观性描述。标准的客观性描述是指：求助者主诉完工作，作为心理咨询师，你要把求助者说的内容进行总结，然后复述给求助者听，这个过程就叫作客观性描述。

心理咨询师：“住院 20 多天，感觉好多了。”（焦虑情绪缓解）

小明老师（督导师）：记录完成主诉之后，心理咨询师再进行客观性描述，这时需要心理咨询师把对求助者的观察、对求助者的感受、对求助者其他方面的备注信息贴出来。

怎样找到可以展开工作的地方

心理咨询师：家人做手术，我七天没睡觉，当时我就不行了。

小明老师（督导师）：大家有没有找到可以展开工作的地方？这句话中含有很多可以展开工作的地方，不同流派工作的内容也不一样。作为心理咨询师，不管学什么流派，也不管水平高低，第一个能展现出专业水平的地方，就是能不能找到展开工作的地方。你是不是在不该工作的地方说话了，而在该工作的地方却没有说话。这就是能看出心理咨询师专业水平的地方。

为什么这句话有很多可以展开工作的地方呢？

首先，我们最常见的展开工作的地方就是这句话能够让我们产生疑问。她没有把一件事情说清楚。在这种情况下，我们需要澄清，但凡心理咨询师觉得需要澄清的地方就是工作地方。

需要澄清的内容是：

1. 求助者没有把事情描述清楚，我们感觉到好奇、有疑问；
2. 求助者有时候说到了一些隐喻、比喻、打比方和习惯用语。

我们可以用澄清的方式问她："你刚才说的你老爸做手术的时候，你七天没睡觉，当时你就不行了，这是怎么回事儿？能不能和我详细说一下？"就用刚才我说的话术，来对我们觉得求助者没有描述清楚的东西进行澄清，这是第一种方法。

第二个就是求助者说话的内容明显夸大。求助者为什么会夸大？这种夸大是她的一个人格特质，还是她对这件事情进行了夸大。所以，我们又找到了一个可以展开工作的地方。然后，我们要进行询问，我们会问她："至于你刚才所说的七天没睡觉，还要侍候你爸，这是怎么回事儿？怎么能做到七天不睡觉呢？"这个地方我们有疑问，应该问。

假设，我们最后发现，求助者说的七天不睡觉是一个夸大的现象。那么这个夸大与我们后面要和求助者做干预的时候就有关系了，就会产生一个时空联系：求助者现在主诉过程中说的她目前的状态是不是也是一种夸大呢？这样我们到时候就可以在做澄清和面质的时候把两个事情放到一起面质，我们说："你看，之前你爸做手术的时候，你说你七天都没睡觉。但是事实上，我们知道人是不可能七天不睡觉的，这是每个人都做不到的。现在你说到了你目前在家里隔离出现的各种情况，是不是有一部分内容被你自己放大了一些呢？"这是第二个我们感到好奇的东西。

如果要做家庭系统治疗，就要考虑在一个系统里，当一个家庭成员在完成她的功能时，可能会有其他家庭成员没有完成自己在家族系统中的功能。那个缺失的成员是谁？那个没能完成家庭功能的成员是谁？如果把这件事澄清清楚，可能会更明晰。居家隔离期间，求助者现在所产生的反应，是不是也有一部分是因为家庭系统里的某个成员没有承担他该承担的功能，从而导致求助者产生相应的躯体化反应呢？

只有找到可以展开工作的地方，我们才可能在收集资料结束的时候对求助者进行干预。如果前面没有找准展开工作的地方，后面的干预就变成思想政治工作，就变成对求助者的教育了。

心理咨询师之所以能在后面对求助者采取有效的干预，并且会对她产生一定的治疗效果，是因为前面找到了展开工作的地方。如果前面找到的着手点是错的，那后面的干预就不会有力量。

暂存资料：只澄清，不面质

心理咨询师："我现在是孤身隔离。"（语气愤怒）

小明老师（督导师）：大家要记住，这个时候我们要澄清引起我们好奇的地方，找到可以着手工作的地方。但是这个地方只澄清，不要太早面质。太早面质会导致求助者和心理咨询师陷入一种胶着的驻相阻抗状态。在咨询早期，如果心理咨询师过于希望拥有"专业"身份认同，急于展示自己的"专业睿见"，他往往会给求助者更多的意识层面的解释、分析，甚至直接用自己的见解去面质求助者，就会造成求助者一定要证明心理咨询师说的是错的，而心理咨询师却非要证明自己的面质结论是正确的胶着状态，我们称之为“驻相阻抗”。

驻相阻抗会让咨询停留在意识层面，求助者感受、理解不到问题背后的相互关联，而无法达到潜意识的深层。所以，当下先不要面质，只做澄清。将这些内容用比昂流派精神分析的方法“暂存”起来。等到后面，进行干预时再用。

求助者说的“我现在是孤身隔离”。“孤身隔离”是求助者创造出来的一个比喻。在精神分析里，但凡比喻都要澄清，因为比喻材料是在前意识门口的材料。比喻是求助者隐约知道但又不完全知道的材料内容。它既不是意识，也不是潜意识，它是前意识。所以，但凡遇到习惯用语、比喻等方面的内容，都需要进行澄清：“你所说的孤身隔离指的是什么意思呀？以前有没有遇到过这种情况？”

心理咨询师：当时不明白什么意思，就问她什么意思。她说自己现在胸闷、嗓子哑，担心自己接触人多，感染了疫病，怕传染给家人，所以就不回老家了，一个人在房子里隔离。

阳性赋义：将症状变成意义

小明老师（督导师）：上面这句话你们认为有没有可以展开工作的地方？

心理咨询师：“老妈，还有老爸。”感觉求助者说话有埋怨和委屈。这里的确插入了对病症的筛查。询问了胸闷、体温等躯体表现。

小明老师（督导师）：求助者说的这句话，有两个点都是可以让你展开工作的。第一个就是求助者说的“我现在是孤身隔离”，然后我们问她“你说的孤身隔离是什么意思？”然后她说是“现在自己胸闷、嗓子哑，担心自己接触人多，感染了疫病，怕传染给家人，所以就不回老家了，一个人在房子里隔离。”如果求助者首次提出“疫病”这个词，我们必须要进行澄清，这是第一个可以展开工作的地方。为什么要对“疫病”这个词进行澄清呢？因为“疫病”这个词并不是现在大众的常用词汇，求助者用了一个大众不用的词汇，求助者会对这个词汇有她自己的赋义，有她自己的故事；这个词汇还相当于一个隐喻材料，也就是潜意识的材料，所以需要心理咨询师去澄清。为了澄清，你可以问她：“我注意到你用到‘疫病’这个词，你说的‘疫病’指的是什么？”然后她可能和你解释“疫病”指什么？然后你再问她：“为什么会使用‘疫病’这个词呢？我们现在一般都用的是什么”然后在她给你解释的时候，你还可以再问她：“关于‘疫病’这个词，你以前还听到谁用过？或者的你以前什么时候还用过这个词？”这就是去挖掘，即垂直往下分析，去挖掘潜意识的词背后的材料。

这句话之所以作为可以展开工作的地方，除了刚才第一个原因之外，还有第二个原因。第二个原因就是求助者现在做的这件事，我们要进行阳性的赋义。危机干预的心理咨询和传统的心理咨询是不太一样的。对于传统的心理咨询，我们是可以慢慢做的，我们也不用太快地去对求助者做阳性赋义和赋义。传统的心理咨询一般尽量让求助者来赋义，但是危机干预的心理咨询由于时间短，而且又处于紧急情况下，首先考虑的就是如何稳住求助者的状态，让求助者的情况不至于更加恶化，所以在危机干预心理咨询里面，心理咨询师有时候是需要去做赋义的。

在这个地方，心理咨询师可以提前做阳性赋义。在短程咨询中，阳性赋义一般也不会在前面做，而是放到最后来用。长程咨询更不会那么早做，但是这里可以用。

在这里如何做阳性赋义呢？你这样和她说："你做得非常对，当你感到自己不太舒服之后，你就做了一个隔离的工作。这个是目前政府倡导的，也是符合医学规则的。所以在这里我给你点个赞。"要把求助者的症状转换为一个阳性赋义的内容。在危机干预心理咨询中，要把症状解释成一个意义，因为症状解释成意义有助于求助者症状的缓解。当求助者的症状有了意义之后，求助者的症状就缓解了。这既是一种解构，也是一种建构。解构是要对求助者症状的负面含义进行解构，而建构就是对求助者的症状建构出了一个积极含义。

当我们做阳性赋义的时候，还为后续可以做的干预埋下了伏笔。因为首先求助者做得没有错，她在此处有一个可以进行阳性赋义的内容，等到咨询快结束，要进行干预的时候，我们可以使用这个阳性赋义："你的处理是非常正确的，你现在在这一方面做的每件事都很正确，都是按照政府和医生的要求做的标准流程。但是这个标准流程里面有一个东西，你要注意……"刚才话术里所采用的方法就是先肯定求助者的意义是正确的，然后再给予她一个更好的方法，那就是："一方面我们要做隔离，另外一方面我们要随时去注意，比如说通过必要的检测来解除自己的隔离。"这样既把求助者做了肯定，又能够帮助她做调整。这就是最好的干预。

关于阳性赋义，再补充一点。从理念上来说，危机干预的心理咨询和普通的心理咨询是统一的。因为人是意义动物，所以人要对自己生活中遇到的每一件事，都找到他的意义。只要人们找到了一件事为什么具备这么多的意义，他们就能够战胜当前的困境。假如，一个人被关在集中营里，如果他对自己的人生感觉不到任何意义，那他很快就会放弃生命，免疫力很快就变得低下。但是，如果说他是一名抵抗组织成员，在集中营里还组织一群人整天做很多事情，那么他就有了意义。这个时候他活着，就和放弃生命的人不一样了。这就是弗兰克尔的存在主义所说的内容——人要找到意义。

传统的心理咨询需要帮助求助者自己去寻找这个意义，包括症状的意义。而在危机干预的心理咨询中，至少要给求助者赋予两种意义：一种就是求助者在当下的情况下，他做的这一切的意义；第二种是求助者的症状所具有的意义。这个意义必须与危机干预的大的社会形势统一。

不管是在此时，对求助者所做的一切进行积极赋义，还是在咨询结束时，我们说："非常感谢你为这次疫情干预所做的个人努力，你对自己做的孤身隔离非常保险的隔离。你为我们战胜这次疫情做出了个人的牺牲和努力。"这些都要符合危机干预大的社会形势。当求助者找到自己症状的意义，找到自己为什么在隔离期间会被隔离，并与疫情事件相关的社会意义进行关联，这就叫阳性赋义。人只要为自己的行为找到了意义，症状就会变成意义，症状将不再是症状，人的整个状态就不一样了。

情境置换：绕开阻抗逼近真相

小明老师（督导师）：请心理咨询师再把求助者后面的主诉和客观性描述贴出来。

心理咨询师："最近好像又回到了那个时候，没法睡觉，没有力气，没法回去照顾老人。"求助者情绪低落，有点抑郁。

小明老师（督导师）：这里求助者说出了自己的一个躯体化反应，也就是说求助者正在告知心理咨询师一些信息。求助者有时是有意识告知心理咨询师的，有时则是无意识告知。现在求助者是在无意识之中告知心理咨询师，她的"躯体化"和她的"心因性"问题之间的关系。求助者告诉心理咨询师的是什么呢？当初老爸车祸做手术，她伺候他时，七天没有睡觉，实际上是因为她没有睡好，而不是她真的七天没睡觉，这就是真相。

所以，心理咨询师可以向她提问。注意！不要针对现在提问，而要针对过去提问。当心理咨询师想知道是什么原因导致现在的情况时，最好不要针对现在提问，这往往会让求助者产生阻抗。所以，心理咨询师要问和现在类似的情况，问具有置换关系的类似情境的例子，就能更加接近真相。

这里是一个可以展开工作的地方，心理咨询师可以问她："能不能和我谈一谈，当时你在伺候家人做手术的时候，为什么你七天的时间都没有睡好呢？”求助者回答出的 A 事件的原因，就是她关于 B 事件的答案。因为这是一种典型的置换，如果心理咨询师直接问她现在发生的这件事：“你为什么没有睡好或者为什么有这么多躯体化的表现？”心理咨询师往往得不到潜意识的内容。因为在直接回答当下事件的原因时，人们往往会给出有一种症状获益的解释，而不是真实的解释。所以，我们问 A 事件更容易得到事情的真相，至少比当下的 B 事件阻抗会小一些。这是一个咨询经验。

用求助者的“药”来治求助者的病

除了问她 A 事件是什么原因所致之外，还可以问她：“在伺候你父亲手术期间，你七天都没有睡好，你是怎么解决这件事的？”我们可以用在咨询快结束的时候，将解决这件事的方法用于干预。也就是说，最好的心理咨询就是让求助者自己生产一个“药”，我们用求助者生产出的“药”来治疗求助者，而不是用心理咨询师生产出的“药”来治求助者。求助者肯定渡过了当时的困难，因为她不可能永远不睡觉，所以尽管她当时七天都没睡好，但肯定是恢复了的，所以这说明她有“药”。求助者自身拥有一种具备康复能力的“药”。心理咨询师把这个“药”记住，暂时先不给她，等到当天咨询快结束时，心理咨询师需要给她做干预时，再把那个“药”拿出来，作为证明拿给她才管用。因为求助者经历过的事情，对其来说就是最好的佐证，这就是用求助者的“药”来治求助者的病。

心理咨询师：“疫病报道那么多，所以求助者想得多，总怀疑

自己有病。”（情绪焦虑）

小明老师（督导师）：接下来还有一个问题就是，关于我们前面所好奇和疑问的“疫病”到底是怎么来的？这个比喻是怎么来的？心理咨询师要对其背后的故事进行垂直分析，心理咨询师有没有完成这个工作？

心理咨询师：“疫病，现在报道上不都是这样说的吗”

小明老师（督导师）：求助者刚才说的那句话是一点阻抗的，没有把内容说出来。当求助者说“现在报道上不都是这样说的吗”时，你第一句话可以告诉她“报道上一般用的是‘新型冠状病毒’，很少用到‘疫病’这个词，你是怎么看到的？”这实际上是一种澄清和面质。心理咨询师还要继续问她：“那么你是怎么理解‘疫病’这个词的？”这两句话是一定要问的。

小明老师（督导师）：从本案例的督导中，大家可能已经发现：

第一点，很多心理咨询师包括我们督导的这个案例的心理咨询师是分不清楚求助者的主诉和心理咨询师的客观性描述的区别的。所以，她多次用心理咨询师的描述来替代求助者的主诉。这会导致咨询材料的失真。这是心理咨询师要戒掉的一个不良习惯。

第二点，还有一些可以展开工作的地方，心理咨询师没有找到，也没有按照我们说的方法来进行垂直问询，所以就得不到我们所要的一些内容，从而失去了很多必要的可以涉及的内容。

第三点，我看到前面心理咨询师对求助者做出了诊断。对于求助者的诊断不应太早进行。心理咨询师需要诊断求助者这个事件背后的心理因素是什么，而不是做出一个医学诊断。只有在需要转介的情况下，才应对她做出类似医学的诊断，比如求助者不适合当下的咨询，建议她转介或者建议她求助精神科医生。在这种情况下或者有自杀风险的情况下，我们需要做出医学诊断。只要她是符合咨询设置，符合咨询范围的求助者，我们对她做出的诊断，应该就是问题背后的心因性原因。真正的心理咨询师要做的诊断是求助者产生这些症状背后的心理机制和心理原因。如果前面我们提及的那些问题全部都问过了，那心理咨询师就会得出一部分原因。医学评估仅仅用于判断这个求助者是否属于我们的咨询范围。这是两种不同的诊断，心理咨询师必须要分清楚这两种诊断。

第四点，求助者既然有一定的疑病嫌疑，也就存在一定的躯体化，并且有把自己放大的心因性特征，那么这种情况也会在她的人格因素中体现，比如她遇到问题会睡不着觉。这都说明她有一种把心理问题泛化成躯体症状的心理机制，当然这都是一个初步的诊断，并不一定是最后的诊断。在这种情况下，对于这样的人格特质并不适合进行正面心理干预。因为正面心理干预的方法越多，她越会产生更强烈的、想要战胜正面心理干预的想法。

什么叫疑病？你越说我没问题，我就越要去做更多的检查，从而导致她的防御机制升级。也就是说，这场咨询从干预这个角度来说实际上并不适合她。那么求助者越是有疑病，心理咨询师越要为她提供更多的路径让她去完成其疑病的过程。因为心理咨询师一旦阻止了她疑病的心理机制，她就会产生更多的替代性疑病的方法，从而导致她的症状加重。

对于这样的求助者而言，阳性赋义是一种有效的治疗方法。我们会说："你现在做得非常好，符合政府要求，也符合医学要求，所以你继续自我隔离吧。你一定要坚持，你坚持的时间越长，对我们战胜这次疫情越有帮助。"当心理咨询师要求一个人继续生病的时候，人的潜意识就会产生相反的不再想生病的一种机制了。但凡具有强迫思维、强迫行为和疑病的人的人格特质都适合这类方法。

这就好比说一个强迫性失眠的求助者，就是他必须要让自己睡觉，担心自己睡不好，然后就失眠。那么心理咨询师越教他解决失眠的技巧，他的失眠就越严重。心理咨询师今天教他个技巧，他回去之后说："哎呀，我第一次用得挺好，但是第二次没用了。"然后又教他，最后心理咨询师把学过的所有绝招都教给他，他都会越来越严重，最后彻底没有人能治好他了。因为他的人格特质就是要战胜别人为他提供的技巧，因为他得病是有症状获益的。但是我们现在把他的症状获益换成另外一种获益，即你一定不要睡觉，你一定继续保持失眠，因为你坚持晚上加班，你晚上要做我给你布置的任务，你要做什么？一旦不允许一个人晚上睡觉的时候，这个人马上就开始疲惫了，就开始困意绵绵了，然后一会儿就睡着了。所以但凡像这类人格特质要反过来进行心理干预。

关于案例后面的内容，心理咨询师要按照我们的结构式框架继续完成。也就是把求助者的主诉全部记录清楚后，心理咨询师要让求助者进行解释："你怎么看待你这个问题？"等求助者解释完后，再问求助者："你觉得有什么方法可以解决这个问题吗？"引导求助者找资源。接着给求助者做一个基线描述，就是"在当下这种情况下，普通人都会有这样的情况"来进行描述。然后给求助者用我们说的方法进行干预，最后给求助者留下一个可能——"当你有需要的时候可以再次拨打电话"，等等。用这样的方法至少能够让求助者当前的状态稳定，而不至于恶化。随着疫情的解除，她的症状自然也会缓解，因为她过去有这样的经历。这就是我们要做的结构式危机干预心理咨询的全部框架。

心理咨询学员互动答疑

学员问题一：怎么回答求助者容易产生这样的行为？

小明老师（督导师）：这类问题不能由心理咨询师来回答，心理咨询师是猜不出来的。这类问题其实也不适合在短程咨询里去问求助者，求助者也说不出来。因为这是求助者潜在的一种心理机制。只有在咨询时间达到了一定程度，比如说在比较长程的咨询情况下，我们才能慢慢发现其原因的。

学员问题二：心理咨询师要求助者澄清问题，说明隐喻。那咨询师是在求助者主诉完之后，还是其提出疑问时就打断她？

小明老师（督导师）：像这样隐喻的内容就是在潜意识门口的内容，必须马上问。为什么呢？潜意识门口代表这个资料已经快出来了，它是在求助者的意识和潜意识边界的资料。如果不马上问，过会儿资料又退回潜意识里去了。所以这类资料一般都需要咨询师及时问。就像口误一样，只要错过了，再问求助者，他就想不起来了。

案例 4

心理咨询师汇报案例基本情况

汇报一（案例经过改编）

因为我是一个非常容易感到失落的人，一不开心就会脾气暴躁，我觉得我是强烈的攻击性人格。我身边的朋友跟我说一些他们生活中的烦心事时，我听了就会恼火。在单位，老板总想着法子让我们加班加点，同事们在公开场合并没有说什么，私底下却已经按捺不住了。我很不想去听这些让我心烦的事情，但是又控制不住。回家后，我妈问我想吃什么？我没搭理她。她又说我房间有点乱，我就很不开心。还有她跟我爸两个人总是为一点小事情吵吵闹闹，没完没了。我一想起他们在我耳边叨叨，我就控制不住地想发火。这个阶段让我觉得自己有点精疲力竭。

汇报二

这么说吧，其实我知道我有能力去帮助别人，并且我也感受到了朋友、父母对我的关心和关注！但似乎我并没有从这些信息当中，或者正能量中，感受到积极的情绪，就是该失眠的还是会失眠。是的，我是一个表面上稳定，很吸引人，但是内心戏还是蛮多的人。

督导师督导解析

危机干预心理咨询与普通心理咨询的区别

小明老师（督导师）：在进行案例督导之前，我给大家先做个大概介绍，咨询师要注意普通心理咨询和危机干预工作这两者之间的身份转变。

治疗理念

危机干预咨询不针对求助者的人格进行成长干预，也不针对求助者的早年创伤进行治疗，不要把工作焦点放在治疗创伤的疗愈工作上面。

很多人想到危机干预，可能就会想到治疗创伤，这是很容易产生的误会。危机干预并不要求咨询师去追求对很深很大的创伤进行治疗，那是咨询师承担不起的，咨询师要明白是在短期应激情况下，去从事这些工作的。

治疗框架

危机干预心理咨询的治疗框架：把求助者的症状分成以下两类。

1. 求助者症状背后有其人格基础。人格基础包括心理疾病、人格障碍、严重的精神病性、神经病症等问题。
2. 求助者是由本次危机事件而诱发其心理症状的。咨询师既不应针对他症状背后的人格基础进行工作，也不应针对他人格基础之上的、已经存在很长时间的某种心理疾病进行工作，而是对他人格基础上的心理疾病的应激反应进行工作。

求助者就像是一座山峰，山峰的顶端就是应激反应，危机干预就是要砍掉山峰的顶端。如果咨询师把工作变成了针对求助者的人格做成长干预，或者针对求助者已经持续很长时间的某种人格障碍、精神病性、某种心理疾病去做工作，在电话热线这种形式的情况下，绝大多数咨询师是完成不了的。

不做人格成长的原因

人格是稳定的结构，要通过咨询去改变人格，成长人格，没有三五年基本上是不大可能的。

临床上，比如科胡特做自恋人格障碍的咨询，一般成长的时间都是按五到八年去算的，而且治疗频次一周至少一次，很多时候甚至一周两次，在足够的时间跨度、足够的频次，才可能成长人格。

结构式访谈的步骤和结构框架

参考第 8 章相关内容。

如何建立心理档案

小明老师（督导师）：在收集求助者的临床资料后，询问求助者是否还有需要补充的。两部分合起来，被称为求助者主诉，把这部分记录下来就是心理档案。

心理档案包括对求助者情况的评估和客观性描述。评估不是诊断求助者的心理疾病，而是看求助者是否适合接受心理咨询或者需要转介。

咨询师对求助者的评估包括整体情况描述，对求助者人格的稳定性、现实性，以及对案例理解的描述。

进行督导时，咨询师提供以下两方面的内容：

1. 求助者的主诉；
2. 咨询师的客观性描述。客观性描述包括对求助者的基本评估、感受以及部分分析。

如何展开分析取决于咨询师的流派和受训背景。咨询师是否能够把求助者主诉和咨询师的客观性描述这两个内容很好呈现给督导师，这是进行分析工作的前提。如果不能够做一个非常标准化的工作记录和流程。不仅在现场做咨询的时候做不好，后续也不利于去整理资料和进行督导的工作。

求助者主诉和心理咨询师的客观性描述

小明老师（督导师）：被督导的心理咨询师，你贴出来的这段话，我看到的其实不是求助者主诉，实际上是咨询师的客观性描述。

求助者主诉：因为我是一个非常容易感到失落的人，一不开心就会脾气暴躁，我觉得我是强烈的攻击性人格。我身边的朋友跟我说一些他们生活中的烦心事时，我听了就会恼火。在单位，老板总想着法子让我们加班加点，同事们在公开场合没有说什么，私底下却已经按捺不住了。我很不想去听这些让我心烦的事情，但是又控制不住。回家后，我妈问我想吃什么，我没搭理她，她又说我房间有点乱，我就很不开心。还有她跟我爸两个人总是为一点小事吵吵闹闹，没完没了。我一想起他们在我耳边叨叨，我就控制不住地想发火。这个阶段让我觉得自己有点精疲力竭。

对主诉进行语境还原和情绪还原

小明老师（督导师）：求助者主诉具有求助者的语境和情绪内容。

要对求助者的说话内容进行一个情绪的还原和语境的还原，需要真实记录当时的情况，备注说话时的情绪反应。比如，说某句话时似乎充满了愤怒或者似乎漫不经心、语调很低沉等。在面对面进行现场咨询时，还会加上认为比较重要的肢体动作和语言描述。这就是对求助者当下情境和情绪的还原。

小明老师（督导师）：关于咨询师对求助者的客观性描述、感受、评估和分析，咨询师需要在案例中加入客观性的、原封不动的、重要对白和文字，咨询师认为重要的或者不能理解的困惑的东西，可以提出来。

心理咨询工作框架

小明老师（督导师）：

心理咨询工作框架包括以下两个：

1. 就是把求助者主诉和咨询师的客观性描述区分出来；
2. 找到可以展开工作的地方，根据受训背景来决定选择用何种方式进行干预。

不同流派有不同的工作方法：

1. 认知流派：寻找求助者的歪曲信念；
2. 行为主义：寻找求助者在哪些条件下产生反应；
3. 精神分析：寻找求助者的潜意识和前意识的材料。

咨询师提供了一大段材料，可见求助者真实的语言体量应该很大。大家看到这段材料后，要做的第一件事是找出你们觉得哪里是可以展开工作的地方？如果你找到了可以展开工作的地方，你该如何工作？

语句一：“因为我是一个非常容易感到失落的人，一不开心就脾气暴躁，我觉得我是强烈的攻击性人格。”

小明老师（督导师）：

咨询师提供的这段语言相当于咨询师的干预，也就是看到咨询师贴出了三段话：

第一段，是求助者的真实的记录；

第二段，是咨询师找到可以展开工作的地方以及他所做的干预；

第三段，咨询师做完干预之后，求助者又说了一段话。

学员互动：具体化技术。

小明老师（督导师）：我看到了有同学说“具体化”，但是具体化具体在哪里？ 我现在给大家做的训练，是心理咨询师非常重要的基本功。很多咨询师做咨询是碰运气，他并不知道在哪里该工作？没有一个非常清晰的专业化的思考。

心理咨询中东西方的差异

东方文化一般追求模糊、混沌的方式，不需要把事情分得很清楚，有着凭直觉凭经验主义工作的倾向性。这是东方文化的方法，也是中国的方法论。

西方文化基于概念化和逻辑性的哲学传统，使用主客观的思维思考问题。主客观指的是用研究物理学的方法来研究社会科学，他们把每一件事都分得很清楚。西方要求不能够有模糊的东西存在。西方人是理性主义特点，就是不管你聪明与否，都可以训练成像机器人一样按流程工作。无论是工厂生产还是做管理，任何工作都有非常严密的流程，按照工作流程一步步做。做事情非常细致。比如建筑工人搬砖，会告诉你，脚迈开多少厘米，弯腰多少厘米，每一次搬一块还是搬两块，搬到什么高度，然后下一步做什么。

心理咨询师刚开始不能随意发挥，不然一辈子都会随意发挥，我们要的是把自己训练成机器人那样的工作方式，这是一个好的心理咨询的习惯。

分步骤找到工作的地方

澄清概念

小明老师（督导师）：澄清是心理咨询师最基本的心理工具。对求助者说的内容不理解、不明白、听不懂的地方需要澄清，觉得有歧义的地方，觉得求助者的话有特指的，都需要一一澄清。

很多心理咨询师有一个特点，就是以为知道求助者说话的意思，以为听懂了，很喜欢假设。按照西方心理咨询方式，咨询师要假设求助者说的话是听不懂的。求助者说的这句话的意思和咨询师理解的意思，不一定是同一个意思。

例如，求助者用了一个词，它不一定就是那个词的含义。同样是一个词的概念，求助者对这个词的概念可能有特定的赋义，而咨询师对一个词的概念可能是来源于他受训的某一个流派关于这个词的概念。大家不要认为求助者说的话你都懂。

咨询师需要假设，我们不知道求助者这句话是什么意思，要对我们感到奇怪的、听不懂的地方进行澄清。掌握了这个原则，我们在做澄清的时候再具体地看。

我看到咨询师是在听求助者说了很大一段话之后开始工作的，这样也是可以的，因为咨询师不想去打断求助者。但是大家应记住以下两点：

1. 觉得不能听懂求助者说话的意思，就要立即做澄清；
2. 口误要做澄清，而且是即时性地澄清，因为口误过了之后就会忘记。

如果没太听懂求助者说话的意思，就需对具体表述的词汇进行澄清，因为心理咨询师就某个词的概念和求助者的概念是不一样的，但这不是潜意识材料，干预的时间不一定是即时性的。一般而言，如果是口误的材料才需要及时干预。

小明老师（督导师）：关于展开工作的地方的基本训练，就是你们要明白一个道理：白马非马，火不热。

第一，什么叫作白马非马呢？白马是对这个马的颜色的一个描述，白色是对颜色的描述，马是个综述，是对种类的分类，白马是不等于马的。在生活中白马可以等于马，在心理咨询中，白马不等于马，就意味着咨询师对求助者说的很多词，都要澄清："是这个意思吗？"

第二，什么叫作火不热呢？在心理咨询中，如果说到火，你不要假装认为火是热的，如果你认为火就代表着热，那说明你对求助者的语言进行了延伸，这来源于你的翻译。如果对求助者的词进行了延伸的翻译，这种翻译就是咨询师的投射。火不热，就是阻止咨询师对求助者说的火的含义，进行来自咨询师的热的投射。

这就是西方式的心理咨询，是对每件事非常细的、非常清楚的边界划分。

小明老师（督导师）：这两件事要分清楚，分清楚之后来看这段材料，再来做澄清。

澄清第一句话：我是一个非常容易感到失落的人。

小明老师（督导师）：求助者说到容易感到失落，是什么意思？不知道是什么意思，这才是正确的态度。因为咨询师不可能知道求助者说的失落是什么意思，这就是要给大家做的训练。心理咨询师在做记录的时候，听到这样的词汇就要记录。目的是等求助者说话告一段落时澄清和询问。

澄清第二句话：攻击性人格。

小明老师（督导师）：千万不要认为求助者的所说的攻击性人格，是咨询师理解的攻击性人格。如果说有攻击性人格，我不认为你说的攻击性人格就是我认为的攻击性人格，这就叫作“白马非马”。虽然你说出来的和我说出来的是同一个词，但含义并不相同。心理咨询就是这样工作的，后面再解释为什么要这样工作。可能刚开始学会让人觉得不得要领，但是西方的心理咨询训练就是这样工作的。

澄清第三句：“精疲力竭”指的是什么？

小明老师（督导师）：咨询师不要认为懂得求助者说的“精疲力竭”的含义，求助者说的含义和你想的不是一个含义。

探索来源

小明老师（督导师）：对于求助者说的“容易感到失落”“攻击性人格”“精疲力竭”这几个词汇，如何工作？心理咨询不要用技术，要用话术。因为心理咨询的技术就是通过话术来表现的。

探索第一句：容易感到失落。

小明老师（督导师）：求助者可能会对“容易感到失落”这个词进行描述，但这还不是目的。我们不仅让求助者解释定义，还要求助者解释这个词和他的关系。也可以让求助者举例说明“容易感到失落”在他身上是怎样出现的。

有学员说：“我很好奇你所说的容易感到失落是什么？”如果这件事不是特别吸引你，不用做。因为当你说出这句话的时候，会让求助者以为你对这块有偏好。

基本话术：“你所说的‘容易感到失落’指的是什么？能不能给我具体描述一下？”或“你所说的‘容易感到失落’在你身上是怎么表现的？”

探索第二句：攻击性人格。

小明老师（督导师）：这个词不是大众嘴里的词，这是需要澄清的原因。先澄清这个词是什么意思，求助者会对这个词进行定义描述。再探索求助者是从哪里听到这个词的？如何接触到这个词的？因为这个词不是大众常见的一种普通意义上的词汇。

要澄清求助者说的术语、成语、比喻。求助者说比喻和成语，意味着求助者说的这句话的资料是在前意识阶段。而求助者说一个术语，则意味着这个术语的背后有来源，求助者可能接收到了来自外界和他人的、被别人定义的对词汇的描述概念。

求助者对自己的定义，有两个来源：

第一种是求助者用别人的词汇或者自己发明的词汇做定义；

第二种是求助者被别人定义，这些都是需要进行解构的。

我们接下来要做的事情，恰好就是要解构这个概念。认知疗法中的歪曲信念就来自求助者对自己的错误的认知定义，精神分析疗法叫作创伤。

创伤是怎么形成的？

有三分之一的创伤来源于求助者对自己错误的解释，代表着求助者对自己不完备的解释，叫作错误的赋义。还有三分之一的创伤是求助者被他人解释和定义的。比如发生某件事情，别人对求助者做了一个解释，说是什么病，这也叫创伤，因为这会导致求助者无法确定自己的问题。

小明老师（督导师）： 心理咨询的最终目的是让求助者能够自己解释自己，并且这种解释自己的能力是一个不断变化、不断升级、不断提高完备的发展过程。

举例说明：比如一条大狼狗把一只小狗欺负了，叫不叫创伤？

第一，取决于其他狗怎么看待这件事，也就是社会评价。假如在狗的世界里面，小狗被欺负了，而其他狗置若罔闻，当作没看见。这样的事情在狗的世界里面可能每天都出现，是一件很正常的事情，狗狗们不当一回事，至少外界的社会评价并没有对这只狗造成心理创伤。

第二，如果小狗对这件事情有自己的理解。它说："哎呀，又给人家欺负了一次。"叹了口气说算了。说明它用自己的语言解释和赋义了这件事情。那么这件事情也不会对小狗造成多大的心理影响。

第三，假如一只小狗对被欺负这件事做了错误的理解或赋义，或把这件事儿理解成对他的狗格的侮辱，那么这就构成了心理创伤。

小明老师（督导师）：攻击性人格是个专业术语，求助者不该用攻击性人格这个词来描述自己的情况，因为他不具备这个能力。求助者应该是用自己熟悉的语言语境来描述他所感受到的东西。

比如说："这段时间身边的人都让我感觉到很烦，我感到生气，想要发火。"这是正常的语境。他说攻击性人格，就让人觉得奇怪了，他怎么会知道这个词汇的？为什么会用这个词来描述自己的状况？这是有疑问的，因为这个代表着求助者或者是别人给自己错误评价，或是求助者自己有了错误的评价，这就是创伤。不管是求助者自己给的错误评价，还是求助者被别人错误评价，都要进行解构。

攻击性人格该怎么问呢？恢复求助者当时说话的语境，要把他的说话重复一遍。

第一，对概念进行澄清；

第二，探索概念的起源。

求助者把这个词的理解和起源说明白之后，我们记录下来暂存，因为这个资料很重要，记录的目的是等我们后面进行干预的时候去解构。后现代和精神分析在这方面的工作方式是一样的。

暂存是比昂流派的经典工作方式，就是把这个材料存在这里。先不跟求助者进行面质，不去直接进行干预，因为这个时候进行解构太早了。求助者刚开始给咨询师提供资料，咨询师在听到求助者的错误概念后，对概念进行澄清并做了记录后，会马上对求助者进行干预和面质。求助者很可能会因拒绝接受咨询师的干预，而产生阻抗。

基本话术：你说你是很强烈的攻击性人格，我想问，你所说的你是很强烈的攻击性人格是什么意思？你从哪儿听到这个词的，你怎么会用这个词来描述自己？

探索第三句：精疲力竭。

小明老师（督导师）：求助者说自己有点精疲力竭的样子。“精疲力竭”不是非常明显的比喻，而是材料。因为在前意识里面，意味着求助者隐隐约约知道这句话的意思，但他又没有得到艺术化的机会。咨询师一旦听到这样的前意识资料，马上要做澄清。你如果不澄清，这个资料很快就消失，口误要立即进行工作。前意识的隐喻、比喻、成语、歇后语，这些资料叫作前意识资料。

前意识资料，意味着这个资料从潜意识刚刚进入意识和前意识交界的地方，这种资料就像口误一样，稍纵即逝，但凡遇到这种资料，要第一时间进行干预，一旦找到展开工作的地方，就要马上询问。可以把这个资料从前意识的大门口浮出水面，浮到意识层次里面去。

基本话术：你刚才说的这是什么情况？这是什么意思？

这个地方不像潜意识，但的确是求助者对自己身心状态的描述。这种身心状态的描述也要澄清，因为想知道求助者具体的身心状态是什么？只知道精疲力竭四个字，不知道求助者躯体化、心理状况和心理危机程度，要让他进行澄清。

我们主要收集求助者有没有躯体化，心理上有没有什么明显的应激反应？他的心理问题的表现是什么？持续多久了？严重程度如何，等等。这像行为主义收集资料的方法，目的是评估求助者的身心状况的严重程度。

基本话术：你所说的精疲力竭，能不能告诉我具体是指什么？在你身上的表现是怎样？和你有关的是什么？

解构

小明老师（督导师）：心理咨询是研究人的精神状况的。人的精神状况是活在不同的世界里面的，活在真实的世界，活在文字的世界，活在想象的世界。当问到精疲力竭指什么意思时，我们想得到的是，他如何用语言文字来描述他的真实世界的情况，这才是我们想要的对应到精疲力竭这个词的资料。从求助者说的其他内容中找到的资料，不等于精疲力竭。

正如前面举的例子“火不热”。求助者的火热不是在他所说的话里去找，不是直接问他火的意思，那就变成我们去理解火到底热不热，这是有差异的。

在西方，心理咨询是很细的工作，有准确清晰的分界，只有这样去细致地工作，后面才能去开展干预工作。如果求助者用精疲力竭来形容自己的状况，就会把自己所有的情感情绪，用精疲力竭来形容。这样，他所有感受都消失了，只剩下精疲力竭了，求助者就始终抱着这个词说：“我现在精疲力竭。”

举例说明，做咨询的时候，有的求助者就说一个词，不管怎么问他，他都是这个词，用这个词代表他的一切。比如我抑郁，我焦虑。你问什么，他都是焦虑，但是焦虑什么却不知道，也说不出来，这就是他用一个词概括了他所有的一切。

心理咨询，特别是完型流派，要恢复求助者的感受。恢复求助者的感受才能对感受进行工作，对感受进行工作包括对感受进行重新命名和定义。比如说，求助者可能会把腿有点儿疼叫作精疲力竭。你会发现，如果把精疲力竭分解为求助者的头疼、腿疼、愤怒，那咨询师就可以对求助者的上述三个内容进行工作了，但是却无法对精疲力竭进行工作。精疲力竭这个词是求助者情绪综合模糊的状况。因为中国人喜欢半斤八两，喜欢混沌，不喜欢把事情分清楚，但是西方人把事情分得很清楚。

如果求助者现在得到了模糊不清的自我描述——“我就是精疲力竭”“我就是攻击性人格”，那么哪个咨询师可以治疗精疲力竭和攻击性人格，任何大师都治不好模糊的词汇。咨询师不可能去治好攻击性人格和精疲力竭，只能治疗求助者非常细节的东西。最怕的就是求助者对自己的状况只做了一个概括化的描述。

咨询师不要自己从求助者说的内容中找精疲力竭，而是要听求助者怎么说精疲力竭的。当求助者把精疲力竭说完之后，咨询师再去澄清，“你刚才所说的精疲力竭，指的是头疼、腿疼，吃饭之前你会有点恶心，是这个意思吗？”得到求助者确认后，继续澄清问：“你所说的精疲力竭是指什么？”问完之后就不再管精疲力竭了，这就是解构了精疲力竭这个词。然后我们去治疗腿疼、肚子疼、吃饭之前恶心，治疗他和其他某个人的关系。这个时候就可以展开做工作了，并有针对性地跟求助者讨论。如果你不能把精疲力竭分解成若干个单元，是没有任何办法可以治疗的。没有任何心理咨询的技术可以治疗精疲力竭。这就是非常西方化的，西方人对概念名称分得很细。

中国的文化一般欠缺对概念名称很细的研究方法，先秦时有墨家和其他名家，研究逻辑学基础。秦朝之后，儒家流派一统天下，帮助统一建立秩序，就不太重视分清楚概念了。心理咨询师要重新把对概念的敏感性捡起来的。

建构

小明老师（督导师）：咨询师在求助者说精疲力竭之后，说了什么？

咨询师：然后再问求助者的是什么具体事情，这就还原为具体的某件事情了。我是不是解构了精疲力竭？

小明老师（督导师）：这都是解构，解构完之后再建构。如果求助者没有经过解构的过程，他还是会有一个模糊的词——精疲力竭。如果求助者经过了咨询师的工作之后，再进行建构，可能会说我现在的情况是这样的：

1. 我跟妈妈有一些争执；
2. 我的朋友的事情引起了我的烦恼；
3. 我对当前我生活的地方，有些……

当求助者这样说的时候，就叫作建构。

基本话术：你能不能重新换一个方法来说一下，你觉得你大概是个什么情况？

小明老师（督导师）：前面给大家解释过解构和建构，我用影片《大话西游》来解释，周星驰主演的《大话西游》把过去的《西游记》先解构，把孙悟空、猪八戒和唐僧的传统形象解构了，解构之后又建立起了一个新的形象，这叫作建构。

我们要求助者最后重新描述当下的身心状况，在“一解一建”的过程中，你会发现求助者的症状就减少了，这叫作干预和治疗，心理咨询就是这样工作的。

求助者重新形成对事情新的认识，用新的认识来重新描述自己。但这个描述自己，不是要求求助者一次性就把自己描述成完美的，这是一个动态的过程，每次做咨询，求助者的建构都会比过去要好一些。

阳性赋义

小明老师（督导师）：咨询师在听到求助者说“精疲力竭”之后的回复。

咨询师的回复：“我听到你是一个善良的人。特别愿意帮助别人，并且也真正帮助了别人，而且我听你的声音很稳定，传递信息也会让朋友稳定下来。”

小明老师（督导师）：咨询师说的这段话叫作阳性赋义，是对求助者当下的积极方面做了一个赋义。比如说，你虽然很焦虑，但是你在帮助别人，你有帮助别人的能力。这都叫作阳性赋义，从阳性赋义来说都没有错，只是时机的问题。

对求助者的干预可以往后放，前面应该先澄清再解构，澄清解构完成后，做必要的阳性赋义。阳性赋义不要太早，如果求助者正在描述自己有病，而你却说你没问题，求助者会怎么样？

举例说明：你的手机坏了，你打客服热线电话，客服回答“手机没问题，手机是好的”。你会怎么样？阳性赋义和建构的时机不要太着急，要往后放，而且程度和量都要把握好，如果量过了，就会导致求助者立即创造出一个更严重的心理疾病。咨询师过早地阳性赋义、过早地安慰、过早地干预，会导致求助者建构出更严重的心理疾病，目的就是为了抵抗你对他的阳性赋义。这就相当于荣格所说的阴影原型。你越拼命想强调阳面，求助者的阴面就越会随之而增大。

小明老师（督导师）：我们来看求助者后面说的一段话。

求助者：这么说吧，其实我知道我有能力去帮助别人，并且，我也感受到了朋友、父母对我的关心关注！但似乎我并没有从这些消息当中，或者正能量中，感到阳性的情绪，就是该失眠的还是会失眠。是的，我是一个表面上很稳定很吸引人，但是内心戏还是蛮多的人。

小明老师（督导师）：这就是前面所说的，当你肯定求助者的时候，求助者也很渴望你的肯定，但是太早地肯定会导致求助者一定要证明自己是有问题的。如果这么早就被你肯定我没有问题，那我不是白来了？求助者的内心逻辑就是这样的。太早给求助者阳性赋义，反而导致求助者必须证明自己是有问题的，最终还要创造出“你的干预对我是无效的，因为我还是失眠”，求助者总要创造出这一点。

再看这段话有没有可以展开工作的地方。当对求助者进行澄清的时候，不要做分析。只是找到求助者当时原封不动的语言，找到可以展开工作的地方，不是去分析。求助者刚才说的这段话里面，先看看有没有觉得语言可能发生歧义的地方，也就是白马非马的地方。

学员互动：阳性的情绪。

学员互动：失眠。

小明老师（督导师）：有咨询师说到“阳性的情绪”，阳性这个词挺奇怪的，可以做记录暂存一下。有人写到了“失眠”，失眠就等于火不热。失眠是治不好的。治不了“失眠”就如同治不了“精疲力竭”一样，千万不要去做失眠的治疗。失眠是对身心状况的概括性描述，我们需要的是求助者几点睡几点醒，睡觉是浅还是深。失眠的频次一星期几次？每天睡觉的时候做不做梦？失眠可以讨论，可以缓解，但失眠是治不了的，因为失眠这个概念太大了。你今天解决了他失眠中的某个问题，他明天会产生另一个关于失眠的问题。一旦求助者用失眠来描述自己，就代表着他又用了一个词语给自己做了一个错误的定义，这都叫创伤。

比如，求助者说：“我每天晚上 10 点钟睡觉，早上 6 点钟醒来了，你说叫不叫失眠？”我看不见得，他可能比好多人都睡得好。所以，失眠是不能这样去理解的，一定要把失眠这个词的概念搞清楚，要知道具体的东西。

小明老师（督导师）：求助者原封不动的一句话是："该失眠还是失眠。"词是一个症状，症状就需要解构。当你们对求助者失眠这个词进行更详细的展开，以了解具体的事例时，你们就学会了解构。

假如求助者说："我的失眠是每天晚上 10 点睡不着，我 12 点才能睡着。"求助者失眠的解构代表着他每天晚上 12 点睡觉，而他偏要让自己 10 点钟睡觉。我们对这句话要做澄清，这是人本主义总结和复述的过程，说完之后就把失眠解构了早睡两小时或者晚睡两小时没关系，不可能治疗一个症状，只能治疗症状背后的具体内容，这就是为什么要进行澄清。

基本话术：你所说的失眠，是指你本来想每天晚上 10 点钟睡觉，但是你偏要 12 点钟才能睡着，是这样吗？同时你早上醒来的时间也同样往后推迟了一到两个小时，是这样吗？

督导小结

今天学到最重要的两句话：白马非马，火不热。这是中国先秦时期的名家圣贤们的研究成果。我们习以为常的东西都是错的，很多心理咨询师做咨询时，把自己的经验套在求助者的经验上，他习惯认为求助者就是这个问题。

所以，我做咨询的时候，始终都告诫自己：白马非马，火不热。

第 10 章 危机干预中的居家心理游戏

心理游戏本身就是一个物化的心理安全员，具有道具简单、场地易找、操作简单、方法容易复制等优势。很多心理游戏应用场景广泛，不仅仅适用于家庭游戏，家庭以外的场景也可以使用，在危机干预时期，也可用于成年人的心理干预、团体心理辅导等。

本章介绍的是我原创研发的针对危机事件期间家庭亲子矛盾和冲突的心理游戏，这些游戏充分考虑了孩子和家长的内心需求，适合各类亲子家庭和各年龄段的孩子。因此，孩子和父母、爷爷奶奶一起玩心理游戏，全家从游戏过程中会得到疗愈。

心理迷宫大探险

游戏介绍

迷宫是我们内心世界的投射，它不仅可以投射出人们对生活的预期，还可以投射出孩子隐藏在内心无法表达的恐惧、焦虑等不良情绪，以及压抑的内心世界。

本游戏是一种心理治疗工具，以画迷宫为载体，让孩子将内心中无法用语言直接表达的情绪、情感，通过画迷宫、设计迷宫的关卡在游戏中自然而然地表达出来。家长通过与孩子一起设计能量加油站、月光宝盒、隐身闪电等积极情绪包，可以帮助孩子更好地了解自己，增强孩子面对困难时的积极情感。

通过讨论心理陷阱环节，比如在疫情期间对病毒的恐惧、不能出门很着急等，让孩子通过设计陷阱、病毒、炸弹等，将心中担心的情绪投射到迷宫中，由家长引导孩子并与孩子勇敢地去面对。

利用系上毛线的笔与孩子完成迷宫的过程是亲子协同合作的过程，这相当于给孩子内心很强的助力，也隐喻着人生的道路上有家长的陪伴。

最后，家长引导孩子在以后的游戏中一步步地不断将自己复杂的迷宫进行简化。当孩子能够越来越简化自己的迷宫时，他就能从当下被困的情境和泥沼中走出来，进而去展望自己的未来。当一个人可以展望自己未来的时候，他就有了向前走的内驱力，在不断设计自己未来的过程中建构自己的未来，他就会不断地进步，不断地在社会生活中打怪升级。

心理学意义

看迷宫的整体形状

迷宫的复杂程度和形状可以投射出一个人对自己人生轨迹预期的困难程度。迷宫越复杂往往代表着内心选择与纠结的东西太多或者生活经历复杂。迷宫的形状投射的是一个人的规则感，一般方形规则感最强，圆形程度中等。不规则的迷宫与规则的迷宫相反，规则感弱一些，也代表有更多的想象和创造空间。

看迷宫的入口和出口

从入口和出口可以看出一个人做事情的目标感。比如有的人一开始画时没有出口，或者入口和出口在一起等，这些都隐喻了他们做事情没有清晰规划，处于一种混沌的状态，就如同被人生中的某一些过程给迷住了，自己给自己的人生设计了很多重复劳动，无价值的时间过多。

看迷宫的关口

从入口进去后立即会遇到三个阻碍，这投射的是青少年进入社会之前的三个入门砖，也就是拉康精神分析里面的孩子进入社会的三个陷阱。这三个陷阱分别是过度自恋的陷阱、对奶头乐的过度依赖，以及对社会化的不适应或者错误应对。

在迷宫中重复出现的拐点和陷阱也反映出这个人思维路径中的固着和重复出现的错误，一旦改变就会对人生产生很大的促进。

看迷宫的分叉点

迷宫技术投射的是人们对生活的预期，分叉多的人一辈子都很难做选择，迷宫总是走回头路的人在生活中也是如此。

看迷宫简化程度

对迷宫的简化是不断地理清和简化未来路径的投射，当曲折弯曲的路径越来越少时，就代表着找到了人生的捷径。

基本设计思路

1. 设计一个迷宫。
2. 观察迷宫的特征，有无入口和出口。
3. 假如你的迷宫有三个障碍，在哪里？是什么？
4. 完成迷宫路径的探险。
5. 复盘，并设计一个新的迷宫。

操作步骤

1. 迷宫技术专用引导语。
2. 入口和出口。
3. 最快的捷径。
4. 迷宫的形状。
5. 迷宫入口之后的三个阻碍。
6. 迷宫的死胡同或者陷阱。
7. 分叉点在人生的阶段。
8. 重新设计迷宫。

9. 青少年优势分析。

10. 青少年个人理想与社会理想。

11. 青少年立志澄清，驱力重启。

游戏流程

游戏工具：白纸、彩笔、剪刀、线团等。

游戏时间：不限。

设计一个迷宫

首先，家长带着孩子在白纸上设计一个迷宫。根据孩子年龄特点与孩子一起设计或者让孩子自己设计。

妈妈：妈妈带你玩一个心理迷宫大探险的游戏，我们要准备白纸、剪刀、彩笔、线团。我们一起在白纸上先画一个迷宫吧！迷宫你会画吗？我们一起来设计这个迷宫，迷宫可以是方形，也可以是圆形，还可以是不规则的，你想怎么画？

与孩子一起画出迷宫的入口和出口

妈妈：能不能告诉妈妈迷宫的入口在哪里？出口在哪里呢？好，我们把入口和出口都标出来。

引导孩子在入口处画出三个障碍物

妈妈：如果入口的附近有三个障碍物，你觉得会在哪里？指给妈妈看看。能告诉妈妈这三个障碍是什么样的吗？我们把三个障碍物画下来吧。

大点的孩子可以引导他说出三个障碍代表了生活中的什么事情。

画出积极因素和消极因素

画出迷宫的障碍物，带着孩子一起设计一些情绪包。这个情绪包分为积极情绪包和消极情绪包。

妈妈：我们给迷宫设计一些心情加油站、能量棒、能量心好不好？这些能量可以增加我们的力量。

与孩子根据社会背景或者自身情况设计心情加油站、能量心、能量棒等积极情绪包，让孩子画出来并剪下来。

妈妈：那么迷宫中有没有危险的地方呢？我们可以用什么来表示危险？把危险也画下来吧。然后把它们剪下来贴在我们的迷宫里。我们一起画下来然后剪下来吧。

与孩子讨论，他的迷宫中有没有阻碍他前进的陷阱，比如死胡同或者炸弹等不利因素（消极情绪包），可以画一画，也可以用家里的图钉等物品表示。

问问孩子处在迷宫的什么位置

妈妈：我们的迷宫基本设计好了，你能告诉妈妈如果你在这个迷宫里，你会在迷宫的什么位置呢？为什么呢？说给妈妈听听。

与孩子一起走迷宫

妈妈：妈妈与你一起用系上毛线的笔，我们共同去完成走迷宫的游戏，一起去越过那些障碍物，一起打败病毒，去获得我们的月光宝盒，好吗？你的宝盒里有什么？哦，找到宝盒可以成为蛋糕师和科学家，让我们像钟南山爷爷一样，成为科学家，好吗？好，与妈妈一起走迷宫的时候我们要相互合作哦，而且不能着急哦。

重新设计捷径迷宫

妈妈：今天，你与妈妈一起设计了一个很棒的迷宫，过几天我们再设计一个更加简洁的迷宫，好吗？让复杂的迷宫越来越简单、越来越简洁，找到我们应对生活的最佳路径。

游戏小结

游戏的过程就是孩子不断探究自己的过程。每个孩子的语言发展阶段不同，有些孩子可能无法一下子很好地表达自己。无论孩子怎样表达，家长都要认真地倾听和陪伴，慢慢地，他们会在游戏中成长，找到自己踏入社会的最佳路径。当孩子可以让自己的迷宫变得简洁清晰的时候，他就会从生活当下的困难中走出来。希望每个孩子都能在亲子游戏的陪伴下健康快乐成长！

镜像万花筒

游戏介绍

镜像万花筒是我根据心理学认同机制，并结合孩子的人格形成特点而研发的亲子心理游戏。这个游戏适用于儿童以及青少年，7~18 岁的孩子都可以通过这个游戏更全面地了解自我特质和家族成员的特质，从而完成对自我的认同、对父母的认同、对祖先家族的认同，传承使命，完成自我人格的超越。

一个人的性格养成是其在成长过程中不断认同的过程，会受到来自家庭、社会和民族文化的影响。

影响孩子成长过程的因素主要有三个：遗传因素大约占一半左右；剩下的一半中，家庭养育环境和家庭以外的教养环境又大约各占一半；而青春期之后，家庭以外的影响因素将逐步超过家庭对孩子的影响。

本游戏通过隐喻的方式，让孩子完成了从生理到心理，再到对自己家族的认同，帮助他们完成了一次寻找“根”的过程。孩子在动作、行为处事上通过不断地模仿学习，完成对父母的认同、对家族的认同、对自我的认同，这样，当他们走向社会时，才有可能承担起社会的角色身份，最终通过认同与超越，成为一个对社会对国家有用的人才。

心理学意义

外在形象上的认同

父母是孩子生命的起源。孩子通过对父母的外在形象、行为举止等的认同，完成模仿和学习，从而不断学会各种生活技能，并完成对自我的认识，这是孩子人格成长的第一步。

性格上的认同

随着孩子的不断成长和自我意识的不断完善，孩子的性格也逐渐养成。在孩子成长过程中，他们通过与父母的互动，逐渐习得和内化父母的性格特点，从而不断完善人格发展。

与祖先相遇，完成自我超越

每一个孩子在其人格发育成长过程中，最终都将与自己的祖先相遇，完成对祖先的认同与超越。这考验着每个孩子。在镜像万花筒游戏中，我们专门设计了孩子与祖先相遇的内容，通过父母长辈讲述祖先族谱中的英雄形象，激活孩子与家族中英雄人物的特质联结，帮助他们带着家族传承完成自我人格的超越。

基本设计思路

1. 孩子和家人一起对着镜子，每个人都画出镜中的自画像，寻找家庭成员彼此之间自画像的关联。
2. 孩子与父母通过自我探索和讨论，寻找性格中的相同之处与不同之处，从而完成性格的认同。
3. 孩子通过父母对于祖先、家族的介绍，完成对家族的认同，并且完成自我人格的超越。

操作步骤

1. 通过照镜子，画出自画像，认识自己的外貌特点。
2. 寻找与父母在长相上的共同点与不同点。

3. 完成特点整合，认识自我的外在特点。
4. 各自认识自己的性格特质以及行为特点。
5. 寻找性格和行为上与父母的共同点与不同点。
6. 了解自己、家族、祖辈的英雄故事，并且找到自己、家族的关键特质。
7. 通过在音乐中表达，完成家族特质、自我特质的整合。

游戏流程

游戏工具：纸、铅笔、彩笔、镜子、音乐、家族祖辈的照片。

游戏时间：不限。

通过照镜子，画出自己的自画像

家长：孩子，我们都看过魔幻的万花筒。今天我们来玩一个可以看到自己的万花筒游戏，叫作镜像万花筒。我们要准备镜子、纸、铅笔和彩笔。我们先各自照照镜子，画一个自画像，主要画出我们的面貌长相。

要求：每一次比较相像或不相像的地方，都需要写在各自的自画像旁边。

1. 所有参与人员每人一张白纸、一支铅笔，用铅笔对着镜子先画出镜子中自己的脸型轮廓。画完以后一起看看，脸型的轮廓谁和谁比较像，有哪些不像的地方（全体人员用彩笔把像与不像的地方写在各自的自画像旁边）。
2. 所有人画出自己的眉毛，画完之后，看看谁和谁比较像，谁和谁不像。

3. 所有人画出自己的眼睛，画完之后互相看看，谁和谁比较像，谁和谁不像。
4. 所有人画出自己的鼻子，画完之后互相看看，谁和谁比较像，谁和谁不像。
5. 所有人画出自己的嘴巴，画完之后互相看看，谁和谁比较像，谁和谁不像。
6. 所有人画出自己的耳朵，画完之后互相看看，谁和谁比较像，谁和谁不像。
7. 睡觉姿态谁和谁像，谁和谁不像。
8. 走路姿态谁和谁像，谁和谁不像。
9. 吃饭速度谁和谁像，谁和谁不像。
10. 所有人看看彼此之间有没有比较像的肢体语言。

写出性格特点

要求：把相像与不像的特点用彩笔写在各自的自画像旁边。

1. 每个人写出各自的性格特点（不少于五个）。
2. 第一轮从孩子开始。先去找到参与游戏的最高长辈，看看长辈写出的五个性格特点，哪些是和孩子相像的，哪些是不同的，写在孩子的自画像旁边。
3. 再去看爸爸写的性格特点，看看爸爸的这些性格特点与孩子有哪些相像或不同之处，写在孩子的自画像旁边。
4. 再去看妈妈写的性格特点，看看妈妈的这些性格特点与孩子有哪些相像或不同之处。写在孩子的自画像旁边。

5. 再去看孩子写的性格特点，看看孩子的这些性格特点有哪些是和大家相像或不同。写在孩子的自画像旁边。
6. 第二轮从爸爸开始。爸爸先跟家里的长辈比较，寻找性格相像或不同之处，写在爸爸自画像旁边；然后对照妈妈的性格特点，看看有没有相像或不同之处，写在爸爸自画像旁边；再看看爸爸自己的性格特点，有没有和大家相像或不同之处，写在爸爸自画像旁边；最后对照孩子写的性格特点，看看有没有相像或不同之处，写在爸爸的自画像旁边。
7. 第三轮从妈妈开始，流程与爸爸的相同。
8. 最后大家一起讨论，彼此之间都有哪些相像或不同之处，各自写在自己的自画像旁边。

了解家族、祖辈的英雄故事

家长：孩子，你知道吗？你的外在特质和性格特质不仅像爸爸妈妈，还像爷爷奶奶、外公外婆，还有我们太爷爷、太奶奶……所有我们的祖祖辈辈，他们都是我们的榜样呢。

1. 从族谱或者家里找到一张祖辈的照片或者代表物。
2. 如果有照片，就让孩子去看，自己和家族的祖辈有没有长得相像或不像之处。找出来写在自己的自画像旁边。
3. 把照片里的祖辈做过人生重大决定的故事讲给孩子听。
4. 让孩子在故事中找一下，自己和祖辈的性格在那些地方相似、哪些地方不同，写在自己的自画像旁边。
5. 如果没有照片，就选择一位祖辈人物的性格故事，主要选择这位祖辈在人生中做了重要选择的故事。

6. 让孩子在祖辈的故事中寻找自己哪些地方与祖辈相似、哪些地方不同，然后写在自画像旁边。

整合家族所有特质，并且进行仪式化

1. 父母准备好一首气势磅礴、有鼓励支持风格的音乐。
2. 孩子拿上自己的自画像，站在祖辈照片以及父母和长辈面前，在音乐背景中去描述我是谁（可以提前让孩子记在一张纸上，或者用“我是……”可以作为开头造句，写出不同的十句话）。
3. 孩子通过自己的自画像看到现在的自己拥有哪些特质，以及以后哪些优秀的特质是可以帮助自己不断地去克服生活中的障碍，并走向人生巅峰的。

游戏小结

游戏中，在第一阶段画自画像时，孩子能仔细观察并绘画，在寻找与父母的外貌、行为、性格特征的过程中，主动找出很多的相同点，这说明孩子对于父母的一些行为性格特点是很关注的。

第二阶段，对自我性格的描述有许多模糊之处，通过跟父母对比，逐渐清晰。第三阶段，孩子对于家族祖辈的故事了解甚少。通过对家族故事的了解，孩子对父母、长辈和家族有了敬畏与敬仰之心，并且激发了自己的人生理想。

通过游戏，孩子萌发了很多思考，他们往往会提出来还想多了

解关于祖辈的故事。整个游戏都展现了孩子逐步内化了父母与家族的认同过程。这个游戏为孩子种下了一颗动力源泉的种子。大家可以一隔段时间再与孩子玩这个游戏，再次深化孩子对于自我认识的整合。

莫比乌斯时间环

游戏介绍

莫比乌斯时间环游戏是我研发的帮助孩子们学会时间管理与生涯规划的一种心理游戏。

什么是莫比乌斯环

1858 年，德国数学家莫比乌斯（Mobius，1790—1868）发现，一个扭转 180° 后再两头粘接起来的纸带，具有魔术般的性质。普通纸带具有两个面（即双侧曲面），一个正面、一个反面，两个面可以涂成不同的颜色；而这样的纸带只有一个面（即单侧曲面），如图 10-1 所示。一只小虫可以爬遍整个曲面而不必跨过它的边缘！

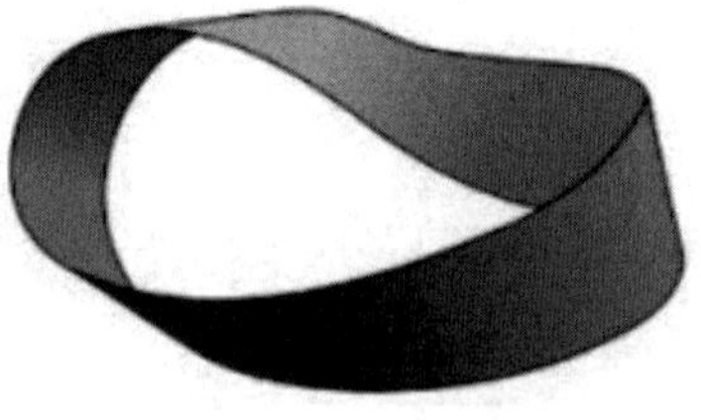

图 10-1　莫比乌斯时间环

时间管理

时间是人类用以描述物质运动过程或事件发生过程的一个参数。地球上每天 24 小时是以地球自转为基础的时间计量系统，被称为世界时系统。一只小虫可以爬遍整个莫比乌斯环的曲面，正如由地球自转而产生的白天黑夜一样，时间也是这样一圈一圈地流淌着。

时间管理是指通过事先规划和运用一定的方法与工具，来实现对时间灵活以及有效运用，从而实现既定目标的过程。成功人士都有一个重要的特点，即他们都是时间管理的高手。

莫比乌斯时间环与时间管理之间的联系

许多孩子缺乏时间管理的意识，不能有效地利用和管理时间。很多陪孩子写作业的家长深有体会：仅把自己的时间安排得井井有条是远远不够的，孩子写作业磨蹭是家长们很难做到“温柔待之”的原因之一。

陪孩子顺利且高效地完成作业，你不仅需要超高的情商，还需要培养孩子具备一定的时间管理能力。

莫比乌斯时间环游戏的目的是帮助孩子改掉磨蹭的坏毛病，不仅能帮助孩子养成高效利用时间的好习惯，而且还能充分地尊重孩子成长的心理需求。

赫胥黎曾经说过：“时间最不偏私，给任何人都是 24 小时；时间也最偏私，给任何人都不是 24 小时。”每个人的时间看起来是一样的，但是因为不同的人利用时间的方式不同，每个人“享受”的时间是截然不同的。莫比乌斯时间环游戏可以让孩子挖掘时间的潜力，同时建立起时间与生命和生涯规划的关系，引导孩子通过时间管理，延伸时间的长度，认识生命的时间含义，进而挖掘生命的广度和宽度，完成对自我人生的初次规划。

游戏递进层次

第一层：通过游戏，让孩子把每天 24 小时的时间和莫比乌斯环联系起来（见游戏流程 1~7）。

第二层：通过在莫比乌斯环中间剪上一刀，让孩子领悟如何将时间翻倍（见游戏流程 8~10）。

第三层：让孩子从莫比乌斯环中领悟时间到生命的深度、广度的延伸（见游戏流程 11~12）。

心理学意义

完形升级成思考题，给孩子未来无限可能的空间。

游戏流程

1. 妈妈和孩子一起把 A4 纸裁剪成两张宽 3 厘米的纸带，将纸带粘在一起，然后把纸带平均分成 24 个小格子。
2. 分别在 24 个小格子上从 0 点一直写到 23 点，这样一天的时间刻度都写好了。
3. 让孩子自己想一个代表白天的颜色，一个代表夜晚的颜色，比如把白天的时间写在纸带的正面并用彩笔涂抹上鹅黄色，晚上的时间写在背面并涂抹成淡蓝色（时间可以根据玩游戏时的天黑和天亮时间而定），而天亮和天黑的时间可以涂成淡蓝和鹅黄交织慢慢过度的颜色。

4. 写好后，将纸带的一端旋转 180 度，形成一个如图 10-1 一样的纸环。
5. 另取一张纸，让孩子把白天需要做的事情和晚上需要做的事情都做成一个个小标志，然后分别对应粘贴在时间的刻度上。
6. 妈妈可以用手把这个纸带撑成一个立体的形状，类似于一个凌霄飞车的轨道，妈妈和孩子一起来调整，用起床或者睡觉的时间作为入口和出口，这些都由孩子自己来决定。
7. 孩子还可以选择一个自己喜欢的玩具来走这个纸带。他会发现，无论朝那个方向走，他都会走过鹅黄色的部分穿越中间地带到达淡蓝色，再从淡蓝色到达鹅黄色，就和现在他能感受到的白天和黑夜一样。
8. 妈妈从莫比乌斯时间环中间剪一刀，这样莫比乌斯时间环一下子就变长了，而时间的刻度就从一小时变成了半小时。
9. 接着让孩子把每天需要做的事情的标志并列粘贴在新的时间环里。孩子会发现他的时间环变得又长又宽了，可以做的事情更多了，空闲的时间更多了。
10. 此时可以和孩子探讨：如果别人用一小时做完的事情，他用半小时完成的话，那么他的时间确实比别人多了（反过来，如果别人用一小时就能做完的事情，他用两小时才做完，他的时间就比别人少了）。

11. 孩子这时已经学会做莫比乌斯时间环了，然后再让他裁剪出一张纸带。人生百年，让他在纸带的正面写自己 50 岁之前每一年发生的事情，没有经历过的可以规划、设想。在纸带的背面写上自己 50 岁之后想要做的事情。再粘贴成一个代表他一生的莫比乌斯时间环。
12. 将孩子一生的规划和一天的规划放到一起，启发孩子将大目标分解成小目标，然后落实到每天具体的时间中去实现。

游戏小结

第一层：通过游戏，让孩子把每天 24 小时的时间和莫比乌斯环联系起来。孩子在这一层里会感觉玩得很开心，特别是把小标志与每天所要做的事情联系起来，用时最长，也最认真投入。

其实，12 岁左右的孩子会非常清楚自己每天要做的事情，而且会很有规划地把时间填写好。而六七岁的孩子对时间还没有什么概念，这正是幼升小的时候，也是建立时间概念的最佳时机。

第二层：通过在莫比乌斯环中间剪上一刀，让孩子领悟如何将时间翻倍。在这一层里，孩子们会感觉非常神奇。环怎么一下子就变长了呢？而且变长了之后还和原来的环一样，是一个莫比乌斯环。

十一二岁的孩子能够很惊讶地发现，原来的 24 小时变成 48 小时了。这个时候如果再让他重新做每天的规划，他就会往里面添加更多的时间安排了。

第三层：让孩子从莫比乌斯环中领悟时间到生命的深度、广度的延伸。在这一层，当孩子畅想未来的时候，有些孩子暂时还想不到怎样规划他们的一生。12 岁左右的孩子会想到自己长大了要上哪所学校，六七岁的孩子的梦想总会变，对未来的设想更加梦幻一些。孩子们对自己的老年生活也都是对照着自己的爷爷奶奶的生活而规划的。

12 岁左右的孩子经过引导之后会很明确自己长大了的愿望如何和现在的 24 小时时间环结合在一起，并且他们也能领会如何向已经变成 48 小时的时间环中添加新的内容。我们要帮助孩子意识到时间原来可以更精细地划分，人生的广度和宽度也可以不断地延伸和拓展。

家庭交际画

游戏介绍

家庭交际画这个心理游戏的原理来源于我原创的梅兰竹菊音乐主题治疗团体工作坊，是把其中有关画竹与自画像部分的内容提取出来，并将团体音乐画改编成家庭亲子音乐自画像。

心理学意义

绘画是潜意识的表达。自画像是一个人内在人格中自体表象的呈现与具象化。

我们每个人的人格主要分为两个部分，一个是自体表象，另一个是自我概念。自体表象指的是孩子内心世界中关于自我形象的一个想象。越是低龄的孩子受到父母家庭的影响越大。孩子在人格形成的过程中会受到诸多来自社会“禁忌”的影响，但是低龄孩子无法用语言更好地表述自我，他们很难把一些想表达的内心想法表达出来，绘画可以让他们在安全与保护的前提下，安全适度地流露出内心“秘密”，并且通过艺术的创造力来获得内心的整合与成长。

我们通过交际绘画给儿童创造了一个可以自由表达的空间，通过家庭成员轮流交替作画，隐喻着孩子成长中与父母影响有关的因素，以及家长如何能够更好地为孩子创造积极适度干预的早期养育环境。

通过家长的陪伴、欣赏支持和鼓励，孩子能获得安全感，长大后更容易自我信任和信任他人。

游戏流程

游戏工具：白纸、彩笔。

游戏时间：不限。

1. 家庭成员之间只能画画，不能用语言交流。
2. 每次只画一样东西，如一个人、一只小动物、一片云等，一个人画完以后再传递给下一个人。
3. 画完后请孩子讲述一个故事。
4. 父母对在画中发现的问题进行处理，如有必要，可以再画另一张。

5. 用欣赏的眼光看着孩子（被欣赏、被尊重）。

6. 不评判其他人的画，尤其忌讳跟孩子说“画得不像”。

妈妈：我们今天要画一幅画，主题是“我的家”，我们和爸爸一起来完成。不过每个人都要遵守规则，你可以做到吗？

叙事

妈妈：我们请宝宝根据这幅画讲个故事吧。

此处可以根据孩子所讲的故事进行下一步内容的重构。比如，孩子如果在绘画中出现了如斗争或者怪物等负性的绘画，家长要做出适当的引导和处理。

比如，小朋友在绘画中画了一只大鸭子，说这是“大怪鸭”，妈妈就可以引导：“春天来了，河里的冰融化了，大怪鸭就游走了”，或者“这时又飞来了一只天鹅，它和鸭子做了好朋友，它们想一起去玩耍，这时候太阳出来了，旁边的小鸟也在唱歌，还有哪些小动物会加入它们呢？我们一起来画一画好不好？”

第二次重构

孩子和父母重新一起画第二幅画，画完以后让孩子给第二幅画起一个名字。

游戏小结

孩子在绘画过程中需要遵守规则，爸爸妈妈在陪伴时需要保持耐心。当看到孩子画了某些奇怪的东西时，妈妈可以做一些有利于缓解孩子焦虑的事情。比如，在“大怪鸭”前面画了一朵小花，花隐喻的是美好和希望，孩子可以在这种非语言的艺术下获得整合与疗愈。同时，爸爸妈妈要对教育内容做一些调整，不去过度强化疫情对我们的影响。

通过家庭绘画，除了获得融洽的亲子关系而外，我们还可以有以下两点收获。

1. 培养孩子的规则意识。在绘画之前，爸爸妈妈要制定规则，比如成员之间是不可以用语言交流，而且要求每次只能画一样东西。如果孩子在家庭游戏中能遵守规则，培养出规则意识，以后孩子进入学校和社会就会懂得遵守规则。
2. 培养孩子延迟满足的能力。因为绘画是大家轮流进行的，当爸爸妈妈在画的时候，孩子必须耐心等待，她需要控制自己着急的情绪，学会克制自己的欲望。一个有延迟满足能力的孩子将来能更好地应付生活中的挫折、压力和困难，去实现长远的、更有价值的目标。

心灵后花园

游戏介绍

2020 年的新型冠状病毒肺炎疫情来势迅猛，让成年人措手不及，更是大大超出了孩子们的心理承受能力。由于孩子们心智未成熟，这会直接引发他们的多种情绪问题，比如安全感缺失、焦虑、恐慌、抑郁，严重的甚至会引发躯体反应和社会退行。尤其是在这次疫情中，还有一群特殊的孩子，他们的父母是可敬的“逆行者”，比如医务工作者、警察、科学家甚至清洁工、快递小哥等，他们每天都要冒着与疾病、病毒亲密接触的风险，而这些孩子也在为他们父母担忧，更需要得到及时有效的心灵抚慰。

游戏是人的本能和天赋，也是情绪和情感流淌的出口。一个好心理的游戏，可以减轻孩子的身心负担，并帮助他们获得疗愈。针对疫情中特殊群体的孩子，我专门设计了这款心理游戏。该游戏形式简单，道具准备简易，一般在家里就可以让孩子得到一次专业有效的疗愈，是我们送给孩子的一份心灵礼物。

我们可以通过陪孩子搭建一个花园，来实现给孩子一个心灵休憩的场所。对有心理创伤和处于应激状态中孩子来说，心灵后花园隐喻重建内心安全感的作用。

心理学意义

当孩子内心因某些危机事件受到创伤时，他们往往会出现一种内心的退行现象，即回归家庭，回归父母亲人，拒绝接触外界的倾向。危机事件往往会伤害孩子的安全感。在这种情况下，孩子内心隐藏着许多无法用言语形容的消极情绪。这时候，语言是无力的，我们可以用游戏中的隐喻来帮助孩子完成内在情绪的表达和内心精神事件的整合。

通常情况下，爸爸妈妈是孩子最有力的情感支持系统，但是在危机情况中，爸爸妈妈可能无法陪伴在孩子身边。当一个孩子在这个游戏中学会应对挫折的方法，就会增加孩子的自我信任感。同时，这个游戏也为孩子提供了一个暂时获得内心能量加持，远离外界刺激和创伤事件的精神空间。当孩子通过游戏为其自我赋能之后，孩子就会有足够的能力去应对丧失及对外界的恐惧。

最后，这个游戏可以稳定和固化孩子的积极情感，同时也植入一个暗示：当感受到挫折的时候，他们随时可以回到这个心灵的后花园，给自己补充心理能量。

本游戏的特点

1. 孩子可以独立完成，增加自我信任感。
2. 父母或亲人（包括小伙伴）的陪伴和帮助可以让孩子在情感上获得支持。
3. 培养孩子创造性地解决问题的能力。

游戏流程

道具：各种小物件，比如孩子的小玩具、纽扣、电池、毛巾、手套等，要保证至少有二三十件这样的小物件，而且越多越好。家长自己再折叠几个小星星，红色的星星作为复活星，绿色的星作为救援星，黄色的星作为智慧星，并且把它们放到一个密封的盒子里。

1. 选择家里像客厅这样宽敞的地方来做这个游戏。

2. 用毛线或别的物件构建花园的边界，象征内心世界的边界和被保护的心灵空间。
3. 让孩子用玩具搭建一个心中的理想花园。里面可以有楼房、银行、火车站、飞机场、医院和警察局，也可以有工厂、有花儿、有鸟儿……总之，孩子想怎么搭就怎么搭。
4. 搭好以后，给孩子和小花园一起拍一张照片，让孩子给自己的小花园取一个名字，并讲一个故事。
5. 爸爸妈妈模拟洪水的场景，冲倒花园里所有的建筑和树木。
6. 解决问题。请孩子伸手到密封的盒子里去抽取一颗星星，红色星星为复活星，花园里面的物品可以重新放起来；绿色星星是求救星，孩子可以请家里任何一个人帮一个忙；黄色星星是智慧星，孩子得自己想办法解决问题。
7. 花园修复好以后和孩子一起讨论总结。
8. 和孩子一起重新修复花园，并给花园起一个名字。

游戏小结

在这个游戏中，我们不仅要协助孩子遵守规则，更重要的是观察而非干预孩子的表达，孩子能想到很多方法。例如，找到一只长臂动物来帮助修复花园，把围墙搭得更高，让洪水形成瀑布，这些都往往会超越我们的常规思维。

在生活中我们看到，当孩子遇到困难时，父母会毫不犹豫地伸出援手，实际上这样做反而剥夺了孩子成长的机会。希望父母做完这个游戏后能有所反思，未来当孩子遇到困难的时候，我们要忍住上手帮忙的冲动，让孩子自己找到解决问题的方法，协助孩子而不是替代孩子成长。

通过这个游戏，我们不仅让孩子思考和找到了应对挫折的方法，也为孩子提供了内心能量的加持，远离外界创伤事件的精神空间，这些都是在象征层面来完成的。

北京阅想时代文化发展有限责任公司为中国人民大学出版社有限公司下属的商业新知事业部，致力于经管类优秀出版物（外版书为主）的策划及出版，主要涉及经济管理、金融、投资理财、心理学、成功励志、生活等出版领域，下设“阅想·商业”“阅想·财富”“阅想·新知”“阅想·心理”“阅想·生活”以及“阅想·人文”等多条产品线，致力于为国内商业人士提供涵盖先进、前沿的管理理念和思想的专业类图书和趋势类图书，同时也为满足商业人士的内心诉求，打造一系列提倡心理和生活健康的心理学图书和生活管理类图书。

《为什么我们会上瘾：操纵人类大脑成瘾的元凶》

- 一本关于诱惑、异乎寻常的快乐，以及头脑中那个虚幻又真实的世界的书。
- 所谓成瘾，不关乎道德，而是大脑在作祟。
- 世界知名神经科学家、艾迪终身成就奖获得者用科学为你解开成瘾之谜。

《极简个性心理学：破解人格基因》

- 诺贝尔生理学或医学奖获得者埃里克·坎德尔、美国精神病学会主席约翰·奥德汉姆、哈佛大学神经生物学教授史蒂文·海曼联袂推荐。
- 深入浅出的识人科学体系，发现人内心深处最真实的一面，在人群中找到更适合自己的存在方式与相处方式。

《戒瘾：战胜致命性成瘾》

- 美国著名成瘾治疗医学专家为成瘾者开出的独具开创性的戒瘾良方。
- 一本各类成瘾者不容错过的、脱离欲望苦海的戒瘾书。

《失控的大脑：操纵人类异常行为的元凶》

- 南京大学社会学院心理系主任周仁来教授倾情翻译。
- 对人类大脑与各类精神和心理疾病之间的关系进行抽丝剥茧，揭秘人类异常行为背后的大脑奥秘。

《干掉失眠：让你睡个好觉的心理疗法》

- 一本写给被失眠折磨到崩溃、熬夜到发指、天天都觉得好困的你的科学睡眠管理书。
- 基于心理学行为认知疗法，通过科学系统的睡眠管理方法于个性化治疗相结合，有效地帮助有各种失眠症状的人。

《梦的力量：梦境中的认知洞察与心理治愈力》

- 伴随我们一生的梦境在我们的情感和认知体系中扮演关键角色，帮助我们形成记忆、解决问题，保持心理健康。
- 梦境能够赋予我们探究私人问题和创意项目思路的洞察力。

《原生家庭：影响人一生的心理动力》

- 全面解析原生家庭的种种问题及其背后的成因，帮助读者学到更多“与自己和解”的智慧。
- 让我们自己和下一代能够拥有一个更加完美幸福的人生。
- 清华大学学生心理发展指导中心副主任刘丹、中国心理卫生协会家庭治疗学组组长陈向一、中国心理卫生协会精神分析专业委员会副主任委员曾奇峰、上海市精神卫生中心临床心理科主任医师陈珏联袂推荐。

《母爱向左，焦虑向右：母性矛盾心理解析》

- 一本帮助女性正确看待生育、怀孕和分娩，释放焦虑情绪，改善亲子关系经典之作。
- 本书颠覆了关于母爱的世俗观念，揭示出母爱不为人知的另一面。
- 作者深刻剖析了女性成为母亲的心路历程以及母性概念，是一本对母性心理发展具有深刻影响的作品。

《非暴力亲子沟通》

- 一本教你如何与孩子好好说话、和谐共处的自助书。
- 随书附赠《非暴力亲子沟通八周训练手册》。

《逆商：我们该如何应对坏事件》

- 北大徐凯文博士作序推荐，樊登老师倾情解读，武志红等多位心理学大咖在其论著中屡屡提及。逆商理论纳入哈佛商学院、麻省理工 MBA 课程。
- 众多世界 500 强企业关注员工“耐挫力”培养，本书成为提升员工抗压内训首选。

《舞动：以肢体创意开启心理疗愈之旅》

- 第一本针对国内读者编写的一部理论体系全面、案例翔实、图文并茂、可操作性极强、中西结合的舞动治疗专业教科书。
- 用创造性的肢体语言疏导自己的感情和内心冲突的舞动心理治疗可以促进个体情绪、情感、心灵、认知等层面的整合，改善心智，达到缓解心理压力的目的。

《以画疗心：用艺术创作开启疗愈之旅》

- 艺术治疗领域权威专家的倾心之作。
- 用艺术创作的疗愈力量，进行内心的自我修复，寻找幸福的回归。